# 企业碳排放数据质量管理

周长波　鞠美庭　主编
刘泽珺　刘晓宇　王翔宇　副主编

化学工业出版社
·北京·

**内容简介**

《企业碳排放数据质量管理》围绕“双碳”目标要求，详细介绍了碳市场相关基础知识，企业碳排放数据质量管理依据、要求及提升路径，包括碳市场与气候治理、全国碳市场数据管理体系、碳排放数据管理工作依据、碳排放相关参数分析、碳配额分析、企业数据质量控制方案、碳排放信息存证管理、企业碳排放核算边界管理、化石燃料消耗统计管理以及煤样的采制化存等内容。

本书可作为行业企业碳排放数据质量管理培训的核心教材，也可作为高等院校本科生、研究生学习碳排放数据质量管理知识的教学用书，同时还可为相关研究者、决策者、管理者和教育者提供全面系统的参考。

**图书在版编目（CIP）数据**

企业碳排放数据质量管理 / 周长波，鞠美庭主编. 北京 ：化学工业出版社，2025. 3. -- ISBN 978-7-122-47284-7

Ⅰ. X511.06；F279.23

中国国家版本馆 CIP 数据核字第 202543R7V3 号

责任编辑：满悦芝　　文字编辑：张　琳
责任校对：赵懿桐　　装帧设计：张　辉

出版发行：化学工业出版社
（北京市东城区青年湖南街 13 号　邮政编码 100011）
印　　装：河北延风印务有限公司
710mm×1000mm　1/16　印张 14　字数 239 千字
2025 年 3 月北京第 1 版第 1 次印刷

购书咨询：010-64518888　　售后服务：010-64518899
网　　址：http://www.cip.com.cn
凡购买本书，如有缺损质量问题，本社销售中心负责调换。

**定　　价：68.00 元**　

# 本书编写人员名单


主　　　编：周长波　鞠美庭

副　主　编：刘泽珺　刘晓宇　王翔宇

其他编写人员：李　程　郭凤娟　陈玉龙　黄德生<br>
张敏思　李宇涛　翁　慧　律严励<br>
冯相昭　刘清芝　张晶杰　肖　盛<br>
史晓梅　郑显玉　孙震宇　刘　宁<br>
张永波　王晓萌　李晋梅　常　靖

# 前 言

气候变化是当前人类可持续发展面临的严峻挑战。积极应对气候变化是我国实现可持续发展的内在要求，是推动构建人类命运共同体的责任担当。采取市场手段减排已成为世界共识，全国碳排放权交易市场是我国利用市场机制控制和减少温室气体排放、推进绿色低碳发展的一项重大制度创新，也是推动实现碳达峰、碳中和的重要政策工具。企业碳排放数据质量管理是全国碳排放管理及碳市场健康发展的重要基础，是维护市场信用信心和国家政策公信力的底线和生命线。

本书既为企业提供一套系统化的碳排放数据管理框架，助力其在碳市场中占据竞争优势；又是生态环保系统碳排放管理者的一本碳数据质量核查工具书。书中总结了全球气候治理历史进程、中国应对气候变化行动、碳减排市场机制理论依据及碳市场制度的国内外实践；介绍了全国碳市场数据管理体系，包括全国碳市场组织构架、全国碳市场核算体系、碳市场数据质量监管体系；梳理了碳排放数据管理工作依据，包括碳数据管理的法律法规、碳排放权交易的部门规章及技术规范性文件；讨论了排放量计算相关参数分析、生产端相关参数分析以及碳配额分析；阐述了企业数据质量控制方案及碳排放信息存证管理；明确了企业碳排放核算边界管理、化石燃料消耗统计管理、煤样采制化存的具体要求。

本书依据管理工作要求，提出了切实可行的企业数据质量控制方案，确保数据在采集、处理及报告过程中的准确性与可靠性。通过丰富的案例分析与实务指导，本书将帮助企业提升碳排放管理水平，推动绿色转型，助力实现可持续发展目标。

本书参考了相关研究领域众多学者的著作、图表资料及科研成果，在此向有关作者致以诚挚的谢意。

由于时间和水平所限，书中疏漏之处在所难免，恳请广大读者批评指正。

**编 者**

**2025 年 2 月**

# 目　录

## 1　碳市场与气候治理 / 1



## 2　全国碳市场数据管理体系 / 23

## 3 碳排放数据管理工作依据 / 46

## 4 碳排放相关参数分析 / 69



## 5 碳配额分析 / 97



## 6 企业数据质量控制方案 / 111

## 7 碳排放信息存证管理 / 129



## 8 企业碳排放核算边界管理 / 145

## 9 化石燃料消耗统计管理 / 163



## 10 煤样的采制化存 / 180

# 1 碳市场与气候治理

进入 20 世纪后，全球气候正经历着以气候变暖为主要特征的气候变化，气候治理成为全球治理的重要议题。本章重点阐述了国际社会为应对气候变化而采取的一系列行动和措施，旨在减少温室气体排放、适应气候变化带来的影响、促进可持续发展等。在全球气候变化治理中，中国积极参与国际气候变化谈判，推动全球气候治理进程，提出了一系列应对气候变化的政策和倡议，如碳达峰碳中和目标、绿色发展理念等，为全球气候变化治理提供了中国方案。全球气候变化治理是一个复杂而长期的过程，需要国际社会的共同努力。中国将继续发挥积极作用，与其他国家携手，推动全球气候治理取得更加显著的成效。

碳市场作为一种有效的市场机制，在推动全球气候治理、实现碳减排目标方面发挥着不可或缺的作用。本章从碳市场外部性理论、碳交易的市场机制、“科斯定理”理论几个方面全面阐述了碳减排市场机制理论，并对欧洲、美国以及中国的碳市场制度建设进行了详细的介绍，全面而系统地梳理了碳市场相关基础知识，以期为深入了解碳交易及碳市场提供基础支撑。

## 1.1 全球气候治理历史进程

### 1.1.1 全球气候治理的结构发展

**《联合国气候变化框架公约》（UNFCCC）**于 1992 年 5 月 9 日在联合国大会上通过，同年 6 月在巴西里约热内卢召开的由世界各国政府首脑参加的联合国环境与发展会议期间开放签署。1994 年 3 月 21 日，该公约正式生效。《联合国气候变化框架公约》由序言及 26 条正文组成，具有法律约束力，其最终目标是将大气温室气体浓度维持在一个稳定的水平，在该水平上人类活动对气候的危险干扰不会发生。

根据“共同但有区别的责任”原则，《联合国气候变化框架公约》对发达国家和发展中国家规定的义务以及履行义务的程序有所区别，要求发达国家作为温室气体的排放大户，采取具体措施限制温室气体的排放，并向发展中国家提供资金以支付他们履行公约义务所需的费用。而发展中国家只承担提供温室气体源与温室气体汇的国家清单的义务，制订并执行含有关于温室气体源与汇方面措施的方案，不承担有法律约束力的限控义务。该公约建立了一个向发展中国家提供资金和技术，使其能够履行公约义务的机制。截至 2024 年 10 月，共有 198 个缔约方。

**《京都议定书》**于 1997 年 12 月 11 日获得通过。由于批准过程复杂，该文件于 2005 年 2 月 16 日生效。截至 2024 年 10 月，《京都议定书》有 192 个缔约方。《京都议定书》通过使工业化国家和转型经济体承诺根据商定的具体目标限制和减少温室气体（GHG）排放，落实《联合国气候变化框架公约》。

《京都议定书》以《联合国气候变化框架公约》的原则和规定为基础，并遵循其基于附件的构架。《联合国气候变化框架公约》本身只要求这些国家采取减缓政策和措施，并定期报告。而《京都议定书》只对发达国家有约束力，并根据“共同但有区别的责任和各自能力”原则，要求发达国家承担更多责任，因为其认定发达国家对目前大气中温室气体排放量负有主要责任。

**《巴黎协定》**于 2015 年 12 月 12 日在第 21 届联合国气候变化大会（巴黎气候大会）上通过，于 2016 年 4 月 22 日在美国纽约联合国大厦签署，于 2016 年 11 月 4 日起正式实施。《巴黎协定》是由全世界一百多个缔约方共同签署的气候变化协定，是对 2020 年后全球应对气候变化的行动作出的统一安排，是已经到期的《京都议定书》的后续。《巴黎协定》的长期目标是将全球平均气温较工业化前期上升幅度控制在 2℃以内，并努力将温度上升幅度限制在 1.5℃以内。

**《变革我们的世界：2030 年可持续发展议程》**（以下简称《2030 年可持续发展议程》）于 2015 年 9 月 25 日由联合国 193 个成员国在可持续发展峰会上通过，其包含 17 项可持续发展目标，旨在以统筹协调的方式解决经济、社会和环境问题，为未来 15 年世界各国的可持续发展描绘了蓝图。

作为当前全球环境治理领域最为重要的两个行动纲领，《巴黎协定》和《2030 年可持续发展议程》虽然都将应对气候变化作为重要内容，但彼此缺乏有效协同，甚至存在潜在的矛盾。例如，《2030 年可持续发展议程》并未像《巴黎协定》一样给出具体的温控目标，且近来有研究表明，在温控目标实现过程中可能会妨碍其他可持续发展目标的实现，如影响体面工作和经济增长，进而一定程度上抵消全球为减少不平等和消除贫穷所做的努力。

气候变化等一系列问题不仅严重威胁到环境可持续性，而且对人类福祉产生了消极影响，特别是对那些抵御环境风险能力较弱的低收入群体。2019 年，旨在加强《巴黎协定》与《2030 年可持续发展议程》之间的协同增效国际会议在哥本哈根召开，与会者呼吁全球、地区和国家层面的利益相关者在气候行动与可持续发展进程中采取切实行动并保持一致，从而使共同利益最大化。这从一个侧面反映出气候治理与可持续发展目标深度融合势在必行。

一方面，落实《巴黎协定》提出的温控目标是实现可持续发展目标的重要内容，其中气候行动与经济适用的清洁能源两项目标成为连接两份文件的直接纽带。《巴黎协定》的有效推进有助于提升全球能效，促进清洁能源开发和能源基础设施建设，加强各国抵御和适应气候相关灾害的能力，以及促进将应对气候变化的举措纳入国家政策、战略和规划等目标的实施。此外，由于可持续发展各目标之间相互依存、相互影响，气候行动也将对其他目标如优质教育、清洁饮水和卫生设施、消除贫穷等产生间接影响，从而推动整个《2030 年可持续发展议程》的实现进程。有学者通过对 17 项目标和 169 项指标的网络分析，指出将应对气候变化的举措纳入国家政策、战略和规划是最为紧迫和关键的举措，对所有 17 项可持续发展目标和超过 65%的指标都将产生重要影响。可见，气候治理已成为实现可持续发展的重要内容和核心目标。

另一方面，可持续发展的良好实现反过来又将有力推动气候治理在全球、地区和国家等层面的落实。有研究表明，消除贫穷、减少不平等以及和平、正义与强大机构将带动产业、创新和基础设施建设以及可持续城市和社区建设，从而有效增强人类抵御灾害风险的能力。此外，不能将气候危机视为孤立的威胁，包含水下生物和陆地生物的良好生态系统是减缓气候变化的必备条件。因此，实现可持续发展与开展气候治理本质上是一致的，两者相辅相成，互为助益。

### 1.1.2 全球气候治理的目标变化

自工业化以来，人类活动排放的温室气体越来越多，空气中的二氧化碳浓度剧烈攀升。19 世纪末，即第一次工业革命期间，科学家首次提出了“温室效应”的概念，此后近百年来，研究人员通过不懈努力，积累了全球各地大量的长期观测资料和数据，为人类了解气候变化问题奠定了科学基础。自 20 世纪 80 年代以来，全球气候变暖现象获得了各国政府和公众的广泛关注。1988 年，政府间气候变化专门委员会（IPCC）成立，旨在提供有关气候变化的科学技术和社会经济认知状况、气候变化原因、潜在影响和应对策略的综合评估。IPCC 于 1990 年、1995 年、2001 年、2007 年、2014 年先后发布五次评估报告，多次指出气候变化的影响，并且明确该影响还在不断加强，如果任其发展，气候变化会对人类和生态系统造成严重且不可逆转的伤害。IPCC 发布的第六次评估报告的综合报告《气候变化 2023》总结了关于气候变化的事实、影响与风险以及减缓和适应气候变化的主要评估结论。报告指出，人类活动通过排放温室气体导致了全球变暖，2011 年至 2020 年全球地表温度比 1850 年至 1900 年升高了 1.1℃，全球温室气体排放量继续增加，大气、海洋、冰冻圈和生物圈发生了广泛且快速的变化。人为导致的气候变化已经影响到全球各地区的许多极端天气和气候事件的发生，从而造成了对自然和人类的不利影响和灾害损失。

大气中温室气体的排放空间是全球的公共资源，这代表气候变化问题必须通过国际合作加以解决。20 世纪 90 年代以来，各国政府开始对气候相关事务进行积极介入，国家间协作进一步加强。然而，当排放权利同经济发展的权利挂钩时，则不可避免会导致国家间的利益竞争。但支持应对气候变化不仅能够更好地解决国家能源安全问题，同时还能够带来新的经济增长点，改善经济结构，促进可持续发展，进一步提升国际影响力。

《巴黎协定》确立了 2020 年后全球气候治理新机制。该机制以各缔约方自下而上国家自主决定贡献目标和行动计划为基础，推进全球合作进程。但当前各国的减排承诺距实现全球控制温升不超过 2℃目标的减排路径尚有较大差距，需要激励各国进一步增强减排雄心，加大减排力度。虽然已进入全面落实《巴黎协定》的实施阶段，但如何体现和落实《联合国气候变化框架公约》与《巴黎协定》的目标和原则，全面推进适应、减缓、资金、技术、能力建设和透明度各要素平衡和有效实施仍面临严峻挑战。因此，需要各方增强合作意愿，采取全面行动。

IPCC 在 2018 年 10 月发布的《全球 1.5℃增暖特别报告》更加凸显了应对气候变化的紧迫性。实现 1.5℃的温升控制目标相比 2℃的目标，可显著减少气候风险，更有利于实现联合国 2030 年可持续发展目标，但也要付出更大的成本和代价。气候变化带来的负面影响比原先预计来得更早，影响范围更广，造成的灾害和损失也更为严重。国家和城市、地区、企业、社区、行业和社会团体等的气候联盟和行动倡议组织蓬勃发展，促进低碳发展转型的各种国际规则、行业准则及企业标准层出不穷。在全球范围内力推实现1.5℃温升控制目标，到21世纪中叶全球实现碳中和的呼声日益强烈。欧盟提出“欧洲绿色新政”，宣布2050年实现净零排放，欧洲成为首个碳中和大陆。2020年，全球已有超过120个国家提出2050年实现碳中和的目标和愿景，其中包括英国、新西兰等发达国家以及智利、埃塞俄比亚、大部分小岛屿国家等发展中国家。不少国家和城市也提出2030—2050年期间实现100%可再生能源目标，提出煤炭和煤电退出以及淘汰燃油汽车的时间表，并有114个国家表示将强化和更新国家自主决定贡献目标。

### 1.1.3 全球气候治理的模式演进

自《联合国气候变化框架公约》诞生至今已有30余年，应对气候变化国际合作进程既有成功的经验，也有失败的教训。人们也更深刻地意识到应对气候变化是一项全球性的、长期的任务，不能一蹴而就，需要一个立即行动且循序渐进的过程。以国际气候谈判为主线，应对气候变化国际合作进程可以按照《联合国气候变化框架公约》制定、《京都议定书》实施、“巴厘岛路线图”提出、“德班平台”建议以及《巴黎协定》达成划分为五个阶段。世界科学、政治、经济和技术的发展也在不同程度上与各个阶段的全球气候治理相互作用。未来，全球气候治理的趋势与世界科学、政治、经济和技术的发展将共同塑造应对气候变化国际合作进程。

**“巴厘岛路线图”**于2007年12月15日在联合国气候变化大会通过，为人类下一步应对气候变化指引前进方向。“巴厘岛路线图”确定了加强落实《联合国气候变化框架公约》的领域，为全球应对气候变化的谈判和行动提供了重要的指导框架，推动了国际社会在气候变化领域的合作与努力。

**“德班平台”**是在2011年南非德班召开的《联合国气候变化框架公约》第17次缔约方会议（COP17）上确立的，决定实施《京都议定书》第二承诺期，并启动一个新的谈判进程。为此，成立了德班增强行动平台特设工作组，负责在2015年前制定一个适用于所有《联合国气候变化框架公约》缔约方的法律文件或者法律成果，在2020年后生效并付诸实施。“德班平台”强调了“共同但有区别的责任”原则，要求发达国家和发展中国家都应采取应对气候变化的行动，为全球应对气候变化的谈判和行动注入了新的动力，推动国际社会在应对气候变化方面继续努力合作。

（1）单边主义阶段

20世纪初至20世纪80年代初，全球气候治理主要以单边主义为主导，各国主要依靠自身国内政策和措施来应对气候变化。国际合作较为有限，缺乏统一的国际机制来协调和引领全球气候治理。

（2）多边主义阶段

20世纪80年代至21世纪初，随着气候变化问题的日益突出，国际社会开始意识到需要加强全球气候治理的合作。1988年成立的联合国政府间气候变化专门委员会（IPCC）为全球气候治理提供了科学依据，1992年《联合国气候变化框架公约》的签署进一步推动了多边主义模式的发展。

（3）多边主义与多层次治理相结合阶段

21世纪初至今，全球气候治理呈现出多边主义与多层次治理相结合的特点。各国通过制定国家自主贡献（NDCs）、达成《巴黎协定》等国际协议，共同努力实现全球气候目标。同时，各级政府、企业、非政府组织等各方在气候治理中发挥着越来越重要的作用，形成了多层次、多主体参与的气候治理体系。

（4）科技驱动的创新模式

近年来，随着科技的不断发展和创新，全球气候治理的模式也在不断演进。清洁能源技术、碳排放监测技术、气候预测技术等科技的应用推动了全球气候治理的进程，为实现气候目标提供了新的途径和可能性。

总的来说，全球气候治理的模式演进是从单边主义到多边主义，再到多边主义与多层次治理相结合，同时受到科技驱动的创新模式的影响。随着国际社会对气候变化问题的重视程度不断提升，全球气候治理的模式也将继续得到完善和发展。

### 1.1.4 全球气候治理的科技推动

全球气候治理的科技推动主要体现在以下几个方面。

（1）清洁能源技术

清洁能源技术是减少温室气体排放、应对气候变化的关键。太阳能、风能、水能等可再生能源技术的发展不断推动着全球能源结构的转型。此外，核能、生物能等清洁能源技术也在逐步发展，为减少对化石能源的依赖提供了新的选择。

（2）提高能源利用效率技术

提高能源利用效率是降低温室气体排放的有效途径之一。智能电网、节能建筑、能源管理系统等技术的应用可以有效降低能源消耗，减少对环境的不利影响。

（3）碳排放监测技术

监测和评估碳排放是实施减排政策的基础。卫星遥感技术、碳排放监测系统等技术的发展提高了碳排放的监测精度和效率，为科学制定减排措施提供了重要支撑。

（4）气候预测和风险评估技术

气候变化给人类社会和自然环境带来了严峻的挑战，而科学的气候预测和风险评估技术可以帮助人们更好地应对这些挑战。气象卫星、气候模型等技术的应用为气候预测和风险评估提供了重要支持。

（5）碳捕集和封存技术

碳捕集和封存技术是减少碳排放的重要手段之一。通过捕集和封存二氧化碳等温室气体，可以有效降低大气中的温室气体浓度，降低气候变化的风险。

综上所述，科技在全球气候治理中发挥着重要的推动作用。通过不断推动上述技术的发展，可以更好地应对气候变化带来的挑战，推动全球气候治理工作取得更大的成效。

## 1.2 中国应对气候变化行动

### 1.2.1 中国应对气候变化的理念

中国温室气体排放量较高，相关气候治理政策也成为国际社会关注的焦点，使中国面临更为复杂的全球气候治理形势。中国要平衡经济发展和气候治理之间的关系，实现可持续发展。当前，以“人与自然生命共同体”和“人类命运共同体”共建气候治理模式日益成为中国参与全球气候治理的基本出发点。中国积极参与全球气候治理，倡导各国共同应对气候变化这一全球性挑战，在国际气候谈判中发挥建设性作用，推动建立公平合理、合作共赢的全球气候治理体系。同时，加强与其他国家在应对气候变化方面的技术交流与合作，共同促进全球气候治理目标的实现。

中国将绿色发展作为推动经济社会可持续发展的重要战略，强调在发展过程中减少对环境的破坏，降低能源消耗和温室气体排放，实现经济发展与环境保护的良性互动。例如，大力发展可再生能源产业，如太阳能、风能、水能等，以减少对传统化石能源的依赖。

通过科技创新推动应对气候变化的进程。不断加大在清洁能源技术、节能减排技术、碳捕集与封存技术等领域的研发投入，提高应对气候变化的技术水平。例如，在新能源汽车领域取得了显著的技术突破，推动了交通领域的绿色转型。

注重经济、社会和环境的协调发展，追求长期的、代际公平的发展模式。在制定发展规划和政策时，充分考虑气候变化因素，确保发展的可持续性。例如，实施严格的环境标准和产业政策，引导企业走绿色低碳的发展道路。

总之，中国在应对气候变化方面秉持着一系列先进的理念，并将这些理念贯彻到实际行动中，为全球应对气候变化作出了积极贡献。

### 1.2.2 中国应对气候变化的战略

《巴黎协定》要求各缔约方于 2020 年报告和强化各自国家自主贡献目标和行动，同时提交到 21 世纪中叶的长期低排放发展战略，并于 2023 年进行全球集体盘点，激励各方强化行动。各缔约方如何强化和更新 2030 年前国家自主贡献目标以及如何确立 2050 年深度脱碳目标成为国际社会关切的焦点，中国等新兴发展中大国更是备受关注。中国需要研究和制定长期深度脱碳战略，以适应并引领全球低碳发展转型的紧迫形势。

气候变化是全球共同面临的挑战，任何一个国家都无法置身事外，应对气候变化必须坚持人类命运共同体理念，遵循多边主义与国际法治，通过可持续发展实现经济发展和应对气候变化双赢。党的十九大明确了从 2020 年到本世纪中叶分两步走把中国建成富强民主文明和谐美丽的社会主义现代化强国的目标。中国在应对气候变化国际合作领域寻求定位时，需综合考虑各种因素，既要尊重科学要求，体现责任和能力，妥善应对关键挑战，也要以我为主满足本国可持续发展需求，并兼顾国际预期和国际形象。

中国将生态文明建设纳入国家发展总体布局，提出了“绿水青山就是金山银山”的发展理念，强调了经济增长与环境保护的协调发展。这一理念体现了中国对生态文明建设的高度重视，为应对气候变化提供了思想指导和政策导向。在国家战略层面，中国制定并实施了一系列应对气候变化的战略规划和行动计划。例如，《中华人民共和国国民经济和社会发展第十四个五年规划和 2035 年远景目标纲要》明确提出了“推动绿色发展”和“构建现代能源体系”。此外，中国还出台了《“十四五”现代能源体系规划》等，明确了提高非化石能源消费比重、控制能源消耗强度等目标，并通过碳交易市场等经济手段促进减排。中国已经将应对气候变化上升至国家战略，通过立法和政策推动绿色低碳发展。

第一，以引领者的政治定位，设定参与和推动全球气候治理的目标与行动方向。党的十九大报告开创性地提出了习近平新时代中国特色社会主义思想，首次提出了“引导应对气候变化国际合作，成为全球生态文明建设的重要参与者、贡献者、引领者”的论断，这是对中国参与全球气候治理作用的历史性认识。这一重大论断既指出了应对气候变化国际合作在全球生态文明建设中的主要地位，也明确了中国在全球气候治理中的国家定位，不仅体现了党中央对气候变化国际合作工作的高度肯定，也回应了国际社会期待中国展现领导力的舆论声音，更为在新时代开启中国引领全球气候治理新征程、承担为全球生态安全作贡献的新使命、实现构建人类命运共同体的新梦想指明了方向。作为引领者，中国必须在应对气候变化目标设定、政策创新、科技创新、落实进展、国际合作、信息透明等各方面走在前、作表率。

第二，坚持《联合国气候变化框架公约》基本原则，维护国际公平和正义。《联合国气候变化框架公约》是全球气候治理必须遵循的基本法律，其确立的公平、共同但有区别的责任和各自能力原则，是全球气候治理体系的基石。实现低排放发展是世界各国共同的目标，但各国达到这一目标的历史责任、发展路径各不相同。因此，实现全球低排放发展，必须充分考虑发达国家和发展中国家在气候变化问题上不同的历史责任，以及在发展上不同的起点和现处阶段，任何“一刀切”的做法都有违公平。中国应当促进各国遵循《联合国气候变化框架公约》的原则和规定，制定符合本国历史责任、发展路径的低排放发展战略，承担符合历史责任、国情、发展阶段的国际义务。

第三，推动各方全面落实《联合国气候变化框架公约》及其《巴黎协定》各项规定，确保低排放发展实施效果。《巴黎协定》是实施《联合国气候变化框架公约》的重要阶段性安排，符合全球发展大方向，成果来之不易，应该共同坚守。《联合国气候变化框架公约》目标不可能自然而然实现，各国的长期低排放发展战略也不可能一天完成。中国应当推动各国从审视 2020 年前减排和资金支持承诺的进展起步，引领各国定期系统性盘点全球和各国应对气候变化、履行国际条约义务的成功经验和存在的问题。以此为基础，善意、全面履行《巴黎协定》各项规定，通过《巴黎协定》建立的国家自主贡献和全球盘点机制，不断巩固在符合本国国情的低排放路径上取得的成果，确保不断实现新的进展，最终达到本国战略目标，进而集体实现《联合国气候变化框架公约》目标。

第四，反对单边主义和保护主义，实现应对气候变化合作共赢。单边主义和保护主义是全球应对气候变化的巨大威胁，违背了《联合国宪章》精神，更是对发展中国家实现可持续发展的巨大威胁。以避免“碳泄漏”、确保公平竞争为名，行单边主义、保护主义之实，只会导致全球气候治理丧失互信，为国际合作制造人为障碍，并导致发展中国家难以获得发展所需的资金和技术资源，从而继续陷入贫困。单边主义和保护主义注定会失败。应对气候变化只有在人类命运共同体的理念下，坚持真理、不计较付出，通过深化务实国际合作，共同推动发展转型、产业升级、能源革命、技术创新、成果共享才能实现。

第五，主动承担应对气候变化的国际责任，欢迎各国搭乘中国低排放发展“顺风车”。中国是世界上最大的发展中国家，仍处于并将长期处于社会主义初级阶段。作为负责任的大国，中国持之以恒地积极应对气候变化，全面落实应对气候变化的各项国内政策，推动和引导建立公平合理、合作共赢的全球气候治理体系。到本世纪中叶，中国将建成富强民主文明和谐美丽的社会主义现代化强国，届时中国将有更大的能力进一步加大应对气候变化南南合作力度，支持发展中国家特别是最不发达国家、内陆发展中国家、小岛屿发展中国家应对气候变化挑战，同时为共建、共赢、共享的全球气候治理贡献更多的中国智慧和中国力量。

### 1.2.3 中国应对气候变化的政策

中国政府在1992年即批准了《联合国气候变化框架公约》，是最早签署该文件的国家之一。同时，作为《京都议定书》的坚定支持者和维护者，中国长期致力于提高节能减排能力、建立碳交易市场，并在立法和实践方面作出了大量努力。

在哥本哈根气候峰会后，中国出台了一系列政策法规，包括2002年发布的《中华人民共和国清洁生产促进法》和2005年发布的《清洁发展机制项目运行管理办法》等。2014年发布《中美气候变化联合声明》，2015年中国向《联合国气候变化框架公约》秘书处提交了应对气候变化国家自主贡献文件《强化应对气候变化行动——中国国家自主贡献》，2016年中国签署了《巴黎协定》，都体现了中国作为负责任和有担当的大国在应对全球变化进程中所贡献的努力。

2020年9月22日，习近平主席在第七十五届联合国大会一般性辩论上向世界宣布了中国的碳达峰目标与碳中和愿景，即中国将提高国家自主贡献力度，采取更加有力的政策和措施，二氧化碳排放力争于2030年前达到峰值，努力争取2060年前实现碳中和。此后，习近平主席多次在不同场合提到碳达峰碳中和，国家层面、部委层面关于碳达峰碳中和的重大部署决策层出不穷，详见表1-1。

表 1-1 中国关于应对气候变化的政策汇总

| 层面 | 时间 | 名称 |
| --- | --- | --- |
| 国家层面 | 2020 年 12 月 | 《新时代的中国能源发展》白皮书 |
| | 2021 年 2 月 | 国务院关于加快建立健全绿色低碳循环发展经济体系的指导意见 |
| | 2021 年 3 月 | 2021 年《政府工作报告》 |
| | 2021 年 3 月 | 国务院关于落实《政府工作报告》重点工作分工的意见 |
| | 2021 年 3 月 | 中华人民共和国国民经济和社会发展第十四个五年规划和 2035 年远景目标纲要 |
| | 2022 年 6 月 | 科技支撑碳达峰碳中和实施方案(2022—2030 年) |
| | 2024 年 1 月 | 中共中央　国务院关于全面推进美丽中国建设的意见 |
| | 2024 年 5 月 | 2024—2025 年节能降碳行动方案 |
| 部委层面 | 2020 年 10 月 | 关于促进应对气候变化投融资的指导意见 |
| | 2021 年 1 月 | 关于统筹和加强应对气候变化与生态环境保护相关工作的指导意见 |
| | 2021 年 2 月 | 关于推进电力源网荷储一体化和多能互补发展的指导意见 |
| | 2021 年 3 月 | 关于引导加大金融支持力度　促进风电和光伏发电等行业健康有序发展的通知 |
| | 2021 年 9 月 | 关于推进国家生态工业示范园区碳达峰碳中和相关工作的通知 |
| | 2021 年 9 月 | 中共中央　国务院关于完整准确全面贯彻新发展理念做好碳达峰碳中和工作的意见 |
| | 2021 年 10 月 | 2030 年前碳达峰行动方案 |
| | 2022 年 5 月 | 财政支持做好碳达峰碳中和工作的意见 |
| | 2022 年 7 月 | 工业领域碳达峰实施方案 |
| | 2022 年 10 月 | 建立健全碳达峰碳中和标准计量体系实施方案 |
| | 2022 年 11 月 | 建材行业碳达峰实施方案 |
| | 2023 年 10 月 | 中国应对气候变化的政策与行动 2023 年度报告 |
| | 2023 年 11 月 | 甲烷排放控制行动方案 |
| | 2024 年 5 月 | 中国适应气候变化进展报告(2023) |
| | 2024 年 7 月 | 关于进一步强化碳达峰碳中和标准计量体系建设行动方案(2024—2025 年)的通知 |
| | 2024 年 10 月 | 2023、2024 年度全国碳排放权交易发电行业配额总量和分配方案 |

## 1.2.4 中国应对气候变化的措施

在转变经济发展方式方面，中国正加快推进能源结构和产业结构的调整，大力发展可再生能源，提高能源利用效率，减少化石能源的消费。同时，中国也在推动绿色低碳技术的创新和应用，如新能源汽车、节能环保技术等，以促进经济转型升级。中国经济结构调整的核心是减少对重工业和高耗能产业的依赖，转向以服务业和高技术产业为主导的经济结构。在能源领域，中国大力发展风能、太阳能等可再生能源，同时积极推进煤炭的清洁高效利用和天然气的开发利用，以减少温室气体排放。中国鼓励和支持绿色低碳技术的创新和产业发展，政府通过研发资助、税收优惠等措施，促进新能源、节能环保和新能源汽车等产业的发展。此外，中国还注重提升碳捕集与封存（CCS）等先进技术的研发和应用。

在国际合作方面，中国积极参与全球气候治理，与其他国家共同应对气候变化。中国是《巴黎协定》的坚定支持者和积极践行者，通过南南合作、“一带一路”绿色发展国际联盟等机制，与发展中国家分享绿色低碳发展的经验和技术，推动实现合作共赢。中国在国际舞台上倡导构建人类命运共同体，推动建立公平合理、合作共赢的全球气候治理体系。通过参与联合国气候变化大会等国际活动，中国积极贡献智慧和方案，促进全球气候行动。

第一，密切跟踪分析欧盟应对气候变化的政策动态，积极寻求与欧盟“绿色新政”的契合点，联合欧盟坚持全面、准确解读和落实《巴黎协定》。当前，科学界、IPCC和舆论在对《巴黎协定》的理解上出现了偏颇，形成了仅关注1.5℃目标而忽视2℃目标的不当理解。欧盟和中国都是坚定支持全面有效落实《巴黎协定》的重要力量，中国应联合欧盟全面、准确解读和落实《巴黎协定》，从科学、舆论、政治等多方面引领全球进一步提高减排力度、落实承诺的行动力度、为发展中国家提供应对气候变化支持的力度。

第二，密切跟踪分析美国气候政策动态，探讨与美国开展多层面应对气候变化合作的可能性。中国应深入动态研判美国气候政策变化形势，尤其是发掘在国家、地方、企业、智库、非政府组织等多个层面开展中美应对气候变化合作的潜力，并积极推动中美合作，共同应对全球气候变化。

第三，坚定支持基于多边主义应对气候变化，以引领者的定位推动全球气候治理规则谈判，积极善意履行《联合国气候变化框架公约》和《巴黎协定》。中国坚持以《联合国气候变化框架公约》及其《京都议定书》《巴黎协定》为核心和主渠道，致力于在公平、共同但有区别的责任和各自能力原则基础上，推动构建公平合理、合作共赢的全球气候治理体系。在共同但有区别的责任等原则基础上，扎实落实中国国家自主贡献，主动承担与自身国情、发展阶段和实际能力相符的国际义务，采取不断强化的减缓和适应行动以及推动发达国家切实履行大幅度率先减排并向发展中国家提供资金、技术和能力建设支持的公约义务，为发展中国家争取可持续发展的公平机会，不断提高履约透明度，积极参与全球盘点和必要的促进履行和遵约进程，全面深入落实《巴黎协定》。

第四，保持战略定力，积极响应绿色复苏，做好国内应对气候变化工作。当前气候变化挑战日趋严峻、行动日趋紧迫，但全球气候治理动力不足、领导力缺失，面对上述情况，中国作为负责任大国和全球生态文明建设的引领者，应坚定支持多边主义，推动《巴黎协定》的持续有效实施。一方面，应保持战略定力，运筹气候外交，为构建公平合理、合作共赢的全球气候治理体系发挥重要影响力和引领作用；另一方面，应积极实施应对气候变化国家战略，及时分析和评估中国在经济复苏政策中如何更好地运用可再生能源、提高能源效率、推广新能源汽车、建设气候友好型的基础设施等有利于绿色低碳发展的措施，尽可能避免短期经济刺激可能形成的高碳锁定效应，同时借助G20（二十国集团）等平台，对外讲好绿色复苏的中国故事。

第五，完善应对气候变化国际合作的机制和政策，开展更加广泛和有力的应对气候变化国际合作。①强化国际发展合作的统筹协调机制。应对气候变化贯穿于发展的各个方面，涉及产业发展、能源安全、粮食安全、公共健康等，这使气候合作不是仅局限在低碳能源等特定领域，而是几乎涵盖了所有的经济和公共部门，因此需要统筹协调。②建立信息统计和披露机制。数据和信息是科学决策的基础，应加强国际气候合作的统一信息报告机制。③建立应对气候变化国际合作的事前、事中和事后评估机制。未来国际气候合作将涉及更多的国家，需要通过双边磋商、考察等多种形式了解各国真正的诉求，也需要与国际组织等第三方机构合作进行资源优化管理和调配。④建立国际合作的公众参与机制。为了促进双方的公众参与，可以从加强对企业、民间组织的支持入手，建立针对企业的政策支持体系和管理服务体系，增加对民间组织的资金和政策支持。⑤建立灵活多样的融资机制。建立灵活的筹资和捐赠机制，有效撬动私营部门资金，鼓励私营部门投资及与政府开展合作，创新绿色金融工具，加强政策引导，确保资金流向与低温室气体排放和气候适应型发展方向一致。

第六，强化"一带一路"国家应对气候变化国际合作。习近平总书记多次强调"携手打造'绿色丝绸之路'""把绿色作为底色，推动绿色基础设施建设、绿色投资、绿色金融"，共建人类命运共同体。近年来，中国秉承共商、共建、共享的原则不断推动"一带一路"建设，与"一带一路"共建国家在众多领域，包括应对气候变化行动上，都取得了重要进展和显著成效，这无论是对中国还是对全世界都具有重大而深远的影响。据测算，如果“一带一路”国家继续用传统增长模式，到2050年，这些国家的碳排放量可能会占全球碳排放量的66%；到2030年，“一带一路”国家至少要进行12万亿美元的绿色投资，才能确保与《巴黎协定》的目标路径相一致。加大对“一带一路”低碳和气候韧性发展基础设施建设的投资，不仅本身能够形成新的增长点，激发区域内各国的潜力，还可以促进投资和消费，创造需求和就业机会，为“一带一路”国家未来实现气候友好型发展打下坚实的基础。绿色产能合作是实现绿色“一带一路”的重要途径。绿色产能合作发展的目的是要保护公众身体健康，维护生态环境，应对气候变化，保卫人类和生物赖以生存的环境，支持社会和经济的可持续、绿色低碳和包容性发展。中国应发挥行业领先和节能环保等方面的优势，促进相关行业的绿色产能合作发展。绿色投融资对“一带一路”国家应对气候变化合作具有重大意义。在世界多极化、经济全球化、社会信息化及文明多样化的发展趋势下，越来越多“一带一路”国家和地区计划考虑、开始发展绿色金融，为新一代绿色产品和绿色技术提供了资源投入和广阔市场，绿色投资已成为经济增长的新引擎。绿色投资逐渐成为世界主要经济体的发展新动能，也必将成为“一带一路”应对气候变化国际合作的重要支撑。

## 1.3 碳减排市场机制理论依据

### 1.3.1 碳市场外部性理论

近年来，环境经济政策被世界各国广泛实施，在减污降碳的实践中取得了良好的效果。碳排放的外部性成本问题是国内外学者关注的热点。碳排放的边际外部性成本主要是指那些由企业经济活动所造成的不能明确计量、未能由企业承担的一部分碳排放成本。深究其理，其核心内容是将治污成本内部化，解决环境污染的负外部性问题。所谓外部性，是指一个经济主体的行为直接影响到另一个经济主体，却没有给予相应支付或得到相应补偿。从影响效果来看，外部性可分为正外部性和负外部性。正外部性是某个经济主体的活动使其他经济主体受益，而受益者无须付出代价；负外部性是某个经济主体的活动使其他经济主体受损，却无须为此遭受惩罚。作为公共物品的自然资源与环境具有外部性属性及其衍生问题。

**举例说明企业碳排放的外部性成本**

例如，企业为追求自身利益最大化，将未经处理的污染排放到环境中，企业节省了治污成本，但是，污染对生态环境造成严重的破坏，周边居民的健康因此遭受损害，负外部性问题便由此产生。

与此相反的是，企业进行污染治理是一种正外部性活动，环境治理的成果一旦产生，区域内的任何个体和组织都能享受其带来的利益，却无须为此付费。值得注意的是，即便施行自愿付费的原则，出于个人利益最大化考虑，仍会有部分人不会支付相关费用而坐享其收益，由此产生"搭便车"现象，最终导致正外部性行为的供给不足，负外部性横行。

### 1.3.2 碳交易的市场机制

碳定价机制是指对温室气体排放（以吨二氧化碳当量为单位）给予明确定价的机制，包括碳税、碳排放交易体系（ETS）、碳信用机制和气候金融（RBCF）等。一般认为，碳排放交易体系（以下简称"碳市场"）的理论基础源于科斯的产权理论，即只要界定清楚初始产权，市场主体总能通过自愿交易达到资源的最优配置。碳税的理论基础则源于更古老的"庇古税"，即政府可以通过税收手段强制性地弥补社会成本与企业成本之间的差距。虽然理论基础不同，但两者均着眼于使用价格机制将碳排放产生的负外部性"内化"，其实质都是"污染者付费"，本质上是相同的。由于运作方式不同，碳市场和碳税也存在以下显著差别。

第一，碳市场侧重于数量调控，而碳税侧重于价格调控。碳市场建立在政府确定的减排配额基础之上，参与企业据此进行交易，政府可根据需要确定需要减排的总量和发放方式，掌控性较强。碳税则是政府通过税收的形式改变企业的成本收益对比，间接引导企业采取措施减少排放。比较而言，碳市场更有利于政府循序推进减排目标，而碳税更有利于形成市场主体主动减排的长效机制。

第二，碳市场比较灵活，有利于满足多元化需求；而碳税相对固定，有利于稳定预期。作为一个市场，碳市场以碳排放配额为交易对象，具有交易对手众多、价格随供求起落、时间空间都可以根据需要灵活组合等特点，有利于满足各类主体形形色色的需求。然而，由于碳价格随行就市、自由浮动，也会使参与主体面临成本不确定的问题，而且如果由于某种原因碳价一直处于低位，企业的减排行为将会相应放缓。2020 年欧盟就曾经出现过这种情况。相较而言，碳税属于"税"，具有税收所特有的强制性、固定性、无偿性等基本特征，难以根据情况变化随时进行调整，但好处是税率稳定，市场主体不确定性小，对于长期减排而言有激励作用。

第三，碳市场比较“外向”，而碳税则相对“内向”。作为市场，碳市场边界富有弹性，可以相对自由地与不同国家、不同区域的市场进行连接，有利于在较大范围内达成一致行动。比如，2020 年 1 月，瑞士国内碳市场正式实现与欧盟碳市场的连接，相互之间互认碳配额。相对而言，碳税属于一国主权，国家与国家之间的衔接面临更加多元的考量、更加复杂的程序，特殊情况下甚至可以成为区域和产业保护的新壁垒。欧盟近年提出的碳边境调节机制就是生动一例。

### 1.3.3 “科斯定理”理论

科斯定理以诺贝尔经济学奖得主罗纳德·哈里·科斯命名。他于 1937 年和 1960 年分别发表了《厂商的性质》和《社会成本问题》两篇论文，这两篇文章中的论点是产权经济学研究的基础，其核心内容是关于交易费用的论断。可以把科斯定理划分为三个层次，或称三个定理。科斯第一定理的实质是，在交易成本为零的情况下，权利的初始界定不重要；科斯第二定理认为，当交易成本为正时，产权的初始界定有利于提高效率；科斯第三定理的结论是，通过政府来较为准确地界定初始权利，将优于私人之间通过交易来纠正权利的初始配置。

科斯定理的两个前提条件：明确产权和交易成本。科斯定理表明，市场的真谛不是价格，而是产权。只要有了产权，人们自然会“议出”合理的价格来。但是，明确产权只是通过市场交易实现资源最优配置的一个必要条件，却不是充分条件。另一个必要条件是“不存在交易成本”。交易成本，简单地说是为达成一项交易、做成一笔买卖所要付出的时间、精力和产品之外的金钱，如市场调查、情报搜集、质量检验、条件谈判、讨价还价、起草合同、聘请律师，直到最后执行合同、完成一笔交易，都是费时费力的。所以说，科斯定理的“逆反”形式是：如果存在交易成本，即使产权明确，私人间的交易也不能实现资源的最优配置。

科斯定理的两个前提条件各有所指，但并不是完全独立、没有联系的。最根本的是明确产权对减少交易成本的决定性作用。产权不明确，后果就是争议不断，意味着交易成本无穷大，任何交易都做不成；而产权界定得清楚，即使存在交易成本，人们一方面可以通过交易来解决各种问题，另一方面还可以有效地选择最有利的交易方式，使交易成本最小化。

**举例说明科斯定理的前提条件**

以钢铁厂生产钢为例，自己付出的代价是铁矿石、煤炭、劳动等，但这些只是“私人成本”；在生产过程中排放的污水、废气、废渣，则是社会付出的代价。如果仅计算私人成本，生产钢铁也许是合算的，但如果从社会的角度看，可能就不合算了。于是，经济学家提出要通过征税解决这个问题，即政府出面干预，赋税使得成本高了，生产量自然会小些。但是，恰当地规定税率和有效地征税，也要花费许多成本。于是，由科斯定理可知：政府只要明确产权就可以了。如果把产权“判给”河边居民，钢铁厂不给居民们赔偿费就不能在此设厂开工；若付出了赔偿费，成本高了，产量就会减少。如果把产权界定到钢铁厂，居民认为付给钢铁厂一些“赎金”可以使其减少污染，由此换来健康上的好处大于“赎金”的价值，他们就会用“收买”的办法“利诱”厂方减少生产从而减少污染。当厂家多生产钢铁的赢利与少生产钢铁但接受“赎买”的收益相等时，就会减少生产。从理论上说，无论是厂方赔偿，还是居民赎买，最后达成交易时的钢产量和污染排放量会是相同的。但是，产权归属不同，在收入分配上当然是不同的：谁得到了产权，谁可以从中获益，而另一方则必须支付费用来“收买”对方。总之，无论财富如何分配，公平与否，只要产权划分得清楚，资源的利用和配置是相同的——都会生产一定量钢铁、排放一定量污染。

就河水污染这个问题而论，居民有权索偿，但个别人可能会漫天要价，把污染造成的“肠炎”说成“胃癌”；在钢铁厂有权索要“赎买金”的情况下，可能把减少生产的损失一元说成十元。无论哪种情况，对方都要调查研究一番。如果只是一家工厂和一户居民，事情还好办。当事人的数目一大，麻烦就更多，因为有了“合理分担”的问题。如果是多个厂家，谁排了污水、排了多少，他们如何分摊赔偿金或如何分享“赎买金”就要先争论一番；如果是多户居民，谁受害重，谁受害轻，怎么分担费用或分享赔偿，有可能打得不可开交。正是这些交易成本，可能使得前面所说的那种由私人交易达到的资源配置无法实现。

## 1.4 碳市场制度的国内外实践

《京都议定书》清晰地界定了温室气体排放权，催生出以二氧化碳排放权为主的碳交易市场。碳交易市场建立在排放交易体系的基础之上，也就是说，排放交易体系在很大程度上决定碳交易市场的类型。国际上主要的碳交易市场如表1-2所示。

尽管国际上还未形成一个统一的、具有普遍性和约束性的减排协议，但不同区域、不同国家和不同地区的管理者都在积极采取经济手段应对气候变化。2005年1月1日，全球首个跨国家、跨行业碳市场在欧盟诞生；2008年，新西兰排放交易体系依据新西兰《应对气候变化法》的要求设立，并于当年9月正式生效；2009年和2012年，美国区域温室气体减排行动和加利福尼亚州总量控制与交易体系相继运行。之后，碳交易在日本、韩国等国家相继诞生。

**表 1-2　国际主要碳交易市场**

| 国际碳交易市场 | 运行时间 | 法律基础 | | 覆盖范围 | |
|---|---|---|---|---|---|
| | | 强制性 | 自愿性 | 全国/跨国 | 地区 |
| 英国排放交易体系(UK ETS) | 2002—2006年 | × | √ | √ | × |
| 澳大利亚新南威尔士温室气体减排体系(NSW GGAS) | 2003—2012年 | √ | × | × | √ |
| 欧盟排放交易体系(EU ETS) | 2005年至今 | √ | × | √ | × |
| 新西兰碳排放交易体系(NZ ETS) | 2008年至今 | √ | × | √ | × |
| 美国区域温室气体减排行动(RGGI) | 2009年至今 | √ | × | × | √ |
| 日本东京都总量控制与交易体系(TCTP) | 2010年至今 | √ | × | × | √ |
| 美国加利福尼亚州总量控制与交易体系 | 2012年至今 | √ | × | × | √ |
| 加拿大魁北克省排放交易体系 | 2013年至今 | √ | × | × | √ |
| 澳大利亚碳排放交易体系 | 2014年至今 | √ | × | √ | × |
| 韩国碳排放交易体系 | 2015年至今 | √ | × | √ | × |

### 1.4.1　欧洲碳市场制度建设

欧盟排放交易体系（EU ETS）于2005年1月1日起正式运行。该体系以《京都议定书》框架下的“碳排放权交易机制”为核心原则，借助市场力量健全生态保护补偿机制，进而推动节能减排技术的发展，是目前全球碳交易量占比最高的碳排放交易体系，在世界碳交易市场中具有示范作用。欧盟排放交易体系目前分为四个阶段，如表1-3所示。

为了获得完善、准确、透明的温室气体排放数据，支撑欧盟碳市场的有效运行，实现低成本减排，欧盟碳市场制定了严格的监测、报告与核查（MRV）制度，对体系内每台设施的排放进行监测、报告和核查。每年年底，要求每台设施提交足以覆盖其排放量的配额。若配额短缺，则需要从市场中购买；若配额富余，则可以向其他需履约的设施出售。

**表 1-3　欧盟排放交易体系发展阶段及要点**

| 发展阶段 | 相关法律规定 | 要点 |
| --- | --- | --- |
| 立法 | 指令 Directive(EC)2003/87 号 | • 通过了欧盟碳排放交易体系指令 |
| 第一阶段<br>(2005—2007 年) | 试点阶段，为第二阶段做准备 | • 仅涵盖发电和能源密集型行业<br>• 95%的配额免费提供给企业<br>• 违规罚款为 40 欧元/t<br>• 形成了碳价格和排放配额的自由贸易<br>• 建成监测、报告和核查企业碳排放所需的基础设施<br>• 发放的配额总量超过了排放量，2007 年配额价格跌至零 |
| 第二阶段<br>(2008—2012 年) | 指令 Directive(EC)2008/101 号<br>指令 Directive(EC)2009/29 号<br>条例 Regulation(EC)2009/219 号<br>履行《京都议定书》第一承诺期(2008—2012)下的承诺 | • 航空业被纳入排放交易体系<br>• 降低配额上限(与 2005 年相比降低约 6.5%)<br>• 3 个新国家加入——冰岛、列支敦士登和挪威<br>• 免费配额比例下降至 90%左右<br>• 违规罚款增加至 100 欧元/t<br>• 2008 年的经济危机导致减排量降低，配额大量盈余 |
| 第三阶段<br>(2013—2020 年) | 决定 Decision(EU)2013/1359 号<br>条例 Regulation(EU)2014/421 号<br>决定 Decision(EU)2015/1814 号<br>条例 Regulation(EU)2017/2392 号<br>指令 Directive(EU)2018/410 号<br>决定 Decision(EU)2020/1071 号 | • 包括更多行业和气体<br>• 欧盟范围内的单一排放上限取代了之前的国家上限制度<br>• 拍卖作为分配配额的默认方法(而不是免费分配) |
| 第四阶段<br>(2021—2030 年) | 条例 Regulation(EU)2021/1416 号<br>决定 Decision(EU)2023/136 号<br>条例 Regulation(EU)2023/435 号<br>指令 Directive(EU)2023/958 号<br>指令 Directive(EU)2023/959 号 | • 航运纳入欧盟排放交易体系范围<br>• 创建新排放交易系统，涵盖建筑物、道路运输和其他部门(2027 年开始运营)<br>• 逐步取消航空部门和某些工业部门的免费分配配额<br>• 创建社会气候基金，从 2026 年到 2032 年筹集 867 亿欧元支持社会中的弱势群体 |

欧盟碳市场还要求纳入管控的工业设施、航空器和船舶的运营商制定经批准的碳排放监测计划，监测和报告其每年的实际排放情况。运营商应将监测计划提交主管当局批准，用于监测和报告年度排放量。该计划也是获得运营许可证的必要条件。监测计划应包括：监测方法、每个源流的证据、风险评估、用于识别程序的可追溯和可验证的参考、基本参数和所执行的操作等。运营商必须每年提交一份排放报告以供核实，包括固定源装置、航空器和船舶的年度排放报告以及公司的年度排放报告。

运营商的监测计划和年度排放报告等文件应在次年3月31日之前由认可的核查机构进行核查。如核查机构认为报告符合MRV制度的相关规定，无重大错误，则向运营商出具“经核查满足要求”结论的核查报告；如果核查机构认为排放报告需要改进，则核查机构应在核查报告中纳入相关的改进建议，在一年后的核查过程中，核查员应检查运营商是否实施了改进建议以及实施方式。如果运营商未实施建议，核查人员应评估其对错报和不合格风险的影响。如果核查机构认为排放报告不符合MRV制度的相关规定，存在重大错误，则出具“不符合核查要求”结论的核查报告。一旦核实，运营商必须在当年4月30日之前交出同等数量的配额。

### 1.4.2 美国碳市场制度建设

区域温室气体减排行动（RGGI）是美国首个强制性的、基于市场的区域性温室气体减排计划。2003年4月，美国纽约州长提出创立该计划，2005年，美国东北部和中大西洋地区的七个州（康涅狄格州、特拉华州、缅因州、新罕布什尔州、新泽西州、纽约州、佛蒙特州）签署了合作备忘录（MOU）。2007年，另外三个州（马里兰州、马萨诸塞州、罗得岛州）也加入并签署了MOU。十个签约州同意采纳MOU规定的各州之间的二氧化碳排放预算与份额。同时，各州依据《示范规则》作为共同基础，自行制定州内管制条例。2008年12月31日，《示范规则》定稿，各州参照《示范规则》制定各自的总量控制与交易计划。2009年1月1日，RGGI排放交易计划正式实施。2011年底，新泽西州因质疑RGGI的实际减排效果而退出RGGI。因此目前参与RGGI排放权交易的州共有九个，宾夕法尼亚州与华盛顿特区作为观察员参与。2013年初，RGGI完成了对总量控制与交易计划的审查并颁布了修订的《示范规则》，对体系进行改进，各州也相继通过了新的《示范规则》。

根据RGGI有关规定，排放数据的监测、报告与核证应满足以下规定。

（1）安装、验证和数据计算

管制对象应当按照规定安装必要的监测系统，并且成功完成监测系统所有必需的验证性试运行，保质保量地记录和报告来自监测系统的数据。

（2）履约日期

管制对象必须在以下日期前完成监测系统的验证性运行：在2008年7月1日前开始商业运行的管制对象必须在2009年1月1日前完成；在2008年7月1

日及以后开始商业运行的管制对象必须在2009年1月1日或开始商业运行后90个运行日或180个日历日中最晚的日期前完成；新建生产线在上述日期之后完成的，必须在新生产线第一次向空气中排放二氧化碳后90个运行日或180个日历日中最早的日期前完成。

（3）报告数据

如果管制对象未能在上述日期前完成监测系统试运行，将按照二氧化碳最大可能排放值进行记录和报告；如果管制对象未能在上述日期前完成监测系统试运行，但管制对象能够证明其排放是延续其之前排放因子的，将按照丢失数据的程序记录和报告二氧化碳排放量，而不是采用最大可能排放值。

（4）禁止规定

未经管制机构或其代理机构书面批准，禁止使用任何替代性监测系统、替代性监测方式或其他替代措施进行监测、记录和报告；未按照RGGI规定进行二氧化碳排放监测和记录时，禁止任何管制对象向大气排放二氧化碳；任何管制对象，除监测系统重新验证、校准、质量保证性测试和日常维护需要外，不得干扰、中断监测系统部分或全部运行。除以下情况以外，任何管制对象禁止报废或永久停止监测系统部分或全部运行：①管制对象经过批准运行另一套监测系统和方法；②管制对象按照规定提交替代性监测系统验证测试并获得批准。

### 1.4.3 中国碳市场制度建设

为落实国家"十二五"规划纲要提出的"逐步建立碳排放交易市场"的任务要求，2011年10月底，国家发展和改革委员会批准北京、天津、上海、重庆、湖北、广东及深圳七个省市开展碳排放权交易地方试点工作，希望从试点入手，探索建立碳交易机制，为全国碳市场的建立奠定一个良好的基础。各试点地区开展相关的立法工作，由地方政府出台相应的管理办法，明确规定包括覆盖范围、配额总量、配额分配、MRV机制、履约机制、碳排放权注册登记、交易机制、监督管理机制等碳交易试点的市场建设要素，形成了较为全面完整的碳交易制度体系。

关于配额分配方面，各个试点地区的管理办法均对配额分配做出原则性规定。至于分配原则、方法、流程、发放方式和时间、配额调整等事项则在管理办法的配套细则中加以规定。七个试点地区主要采用历史法及基准线法进行配额分配，以免费分配为主。另外，由于配额的生成存在较大的不确定性，很多地区都采取了配额调整机制，使配额总量和企业分配存在可调节的灵活性。

MRV机制对排放进行监测、报告，以及由第三方机构对管控企业的排放量进行核查，为排放权交易体系提供了坚实的基石，是保证排放权交易体系得以实施，并取得预期环境效果的关键步骤。为此，各试点地区出台了分行业排放数据测量与报告的方法和指南及第三方核查规范，并建立了企业温室气体排放信息电子报送系统。各试点地区普遍要求对企业报送的历史数据和履约年度数据进行严格的第三方核查，以保证数据的科学性、准确性，从而提高碳交易制度的可信度。为此，各试点地区制定了核查机构和核查员的准入标准。北京、深圳和上海还发布了第三方核查机构管理暂行办法。

2017年12月18日，国家发展改革委印发《全国碳排放权交易市场建设方案（发电行业）》，标志着全国碳市场完成总体设计并正式启动。该方案明确了全国碳市场的建设目标、基本思路、主要制度和保障措施等。2020年12月31日，生态环境部发布《碳排放权交易管理办法（试行）》，自2021年2月1日起施行。这一管理办法规定了全国碳市场和地方试点碳市场并存的模式，明确了全国碳市场的管理规则和相关主体的责任义务，为全国碳市场首个履约周期的启动提供了制度保障。

随着全国碳市场的不断推进，制度建设不断完善。2024年5月1日起，国务院公布的《碳排放权交易管理暂行条例》开始施行，从注册登记机构和交易机构的法律地位和职责、碳排放权交易覆盖范围、重点排放单位确定、碳排放配额分配、排放报告编制与核查、碳排放配额清缴和市场交易等六个方面构建了碳排放权交易管理的基本制度框架，为全国碳排放权交易市场运行管理提供了明确法律依据。

## 思考题

（1）在全球气候治理的发展进程中，哪些关键事件或国际协议起到了决定性的推动作用？

（2）科技进步对全球气候治理发展进程产生了哪些具体影响？未来还可能带来哪些新的突破？

（3）我国为应对气候变化制定了哪些政策法规？

（4）碳减排市场机制如何激励企业主动进行减排？其背后的行为经济学原理是什么？

（5）目前我国关于碳排放权交易配额分配有什么政策？

# 2 全国碳市场数据管理体系

本章介绍了全国碳市场的相关概念、配额分配、运行特征和发展趋势等，通过建立碳排放权交易市场，推动企业减排行为，提高减排效率。

碳排放监测、报告与核查（MRV）是建立碳排放交易体系的基石，直接影响到配额分配和企业履约，是整个交易体系的核心部分之一。本章详细介绍了全国碳市场监测体系、全国碳市场核查体系、数据质量控制和保证方法、MRV方法及应用前景，旨在提供全面的全国碳市场核算体系内容，加深对碳市场的理解。

温室气体排放的数据质量是保障全国碳排放权交易市场健康有序发展的生命线，也是市场健康运行的基础和前提。全面、准确、真实的碳排放数据不仅是全国碳排放权交易市场扩容、增加市场活力的基础，也是影响当前全国碳排放权交易市场温室气体减排成效的关键要素。本章从信息化存证、常态化执法检查、三级联审及日常监管、监督帮扶机制四个方面重点阐述了我国碳市场碳排放数据质量管理的主要工作内容，以期为企业碳排放数据质量管理提供理论指导。

## 2.1 全国碳市场组织构架

### 2.1.1 全国碳市场相关概念

“碳市场”一般指碳排放权交易形成的市场。碳排放权交易实质是将二氧化碳等温室气体排放权作为商品进行买卖，是为减少全球温室气体排放所采用的市场机制。碳排放权起源于排污权，虽然温室气体不属于污染物，但学术界一般认为碳排放权是一种排污权，碳排放权交易是排污权交易的一种类型。

关于碳排放权的法律属性，学术界存在多种学说。其中，财产权说以经济学环境产权理论为基础，认为碳排放权是一种环境容量的使用权，由法律规制为企业拥有的私人财产权，持有者对该财产享有占有、转让、使用和处分等权利。还有研究提出新财产学说，认为碳排放权有别于传统财产，属于政府提供的社会福利、专营许可以及公共资源的使用权等，这些政府许可一旦被以法律的形式确定下来，就成为权利人的财产，因此碳排放权是新型财产权。行政权利说认为碳排放权是权利主体在国家许可的范围内，对属于国家所有的环境容量资源的使用权利。碳排放权须经过申请、批准等许可程序，被政府行政部门控制并进行全过程干预，是行政许可或特许。

从经济属性来看，碳排放权具有稀缺性、使用价值和可交易性，具有与普通大宗商品类似的特征，如可以在市场上进行现货交易、具有与普通商品类似的价格形成机制等，因此碳排放权具有商品属性。随着碳市场交易规模的扩大，碳排放权逐渐衍生出具有投资价值和流动性的金融资产，具有金融属性。碳排放权价值来自政府信用，具备良好的同质性，可充当一般等价物，因此具有货币属性或类货币属性。

从法学、经济学、环境学和公共管理学等领域的研究可以得知，**碳排放权的含义**主要有两类。一类是指气候变化国际法下，以可持续发展、共同但有区别的责任以及公平正义原则为基础，代表人权下的发展权，为满足国家以及国民基本生活需求和发展的需要而向大气排放温室气体的权利。这种权利是道德权利，而非严格的法律权利。另一类是碳交易制度下的排放权，是指对大气或大气环境容量的使用权。这种使用权可以通过法律规定被私有化，并在市场上进行交易，从而实现全社会低成本控制温室气体排放的目的。该语境下的排放权是当前理论研究和实践应用的主流，有具体的法律、经济属性。

碳交易市场大致可分为强制碳配额交易市场和自愿碳交易市场。前者以配额（碳排放许可）为基础产品，还可纳入抵消单位（核证减排量）和衍生品交易，可以进一步划分为基于配额的碳交易和基于项目的碳交易；后者是没有强制减排任务的主体自愿购买项目减排量以实现自身碳中和所形成的市场。

### 2.1.2 全国碳市场总量设定

碳排放交易体系总量限制了碳市场控排行业所覆盖的排放源对全球排放所允许的贡献量。“配额”由政府提供，每单位配额允许持有者依照碳市场确立的规则，在总量范围内排放 1t 温室气体。由于碳排放交易体系限制了配额总量，并设立了交易市场，因此每个配额均具有价值（“碳价”）。受碳排放交易体系监管的各方及其他市场参与者，根据其认为的配额所赋予每吨温室气体的排放权价值，进行配额交易。

碳市场的总量设定包括数量及强度两种思路。全球主要碳市场均为基于数量的碳市场，即直接设定碳排放总量；而我国的地方碳市场与全国碳市场均采用了基于强度的总量设定方式，即先设定单位产出的碳排放量，再根据实际产出确定碳排放总量。

基于碳强度的总量设定方案，是根据我国国情平衡经济增长与减排目标的合理方式。一方面，自2007年国务院提出节能减排的要求以来，我国的两个主要碳减排考核指标（单位GDP能耗、单位GDP二氧化碳排放量）均为强度型而非总量型；另一方面，我国作为发展中国家，碳排放量较高的二次产业占国民经济比重高，准确预测碳排放总量相对困难。因此，碳市场采用基于强度的总量设定方式，能够让我国的碳减排目标与周期内的实际国民产出相匹配，兼顾经济增长与减排目标。

基于碳强度的总量设定方案决定了我国“基准线＋预发放”的配额分配模式。这意味着全市场碳配额总量及企业获得的碳配额需依据实际产出计算。例如，企业第$n$年所获得的碳配额并非直接设定，而是根据企业第$n-1$年产出，采用基准线法进行预发放；而后，在第$n+1$年再根据企业第$n$年的实际产出，最终计算出企业的实际排放量，再据此确定其最终碳配额量。若预发放碳配额与最终碳配额不一致，以后者为准，多退少补。

### 2.1.3 全国碳市场配额分配

目前，我国碳交易市场的碳排放配额分配方式以免费分配为主，配额分配方法以历史排放法为主、基准线法为辅，为激发企业碳减排的积极性，我国积极探索优化碳排放配额分配方式。《碳排放权交易管理暂行条例》规定，国务院生态环境主管部门会同国务院有关部门，根据国家温室气体排放控制目标，综合考虑经济社会发展、产业结构调整、行业发展阶段、历史排放情况、市场调节需要等因素，制定年度碳排放配额总量和分配方案，并组织实施。碳排放配额实行免费分配，并根据国家有关要求逐步推行免费和有偿相结合的分配方式。省级人民政府生态环境主管部门会同同级有关部门，根据年度碳排放配额总量和分配方案，向本行政区域内的重点排放单位发放碳排放配额，不得违反年度碳排放配额总量和分配方案发放或者调剂碳排放配额。

随着碳交易市场的运行，我国逐步优化调整碳排放配额分配方案。相较《2019—2020年全国碳排放权交易配额总量设定与分配实施方案（发电行业）》《2021、2022年度全国碳排放权交易配额总量设定与分配实施方案（发电行业）》，2024年10月15日发布实施的《2023、2024年度全国碳排放权交易发电行业配额总量和分配方案》根据实际情况作出优化，既确保制度的延续性和稳定性，又更精准突出鼓励导向，做出了将基于“供电量”核定配额调整为基于“发电量”、进一步简化和优化各类修正系数、引入配额结转政策、优化履约时间安排等优化调整。

我国发电行业全国碳排放权交易配额采用“事后分配”方式，主要是受制于碳排放数据质量精度不够。随着全国碳市场数据质量制度不断完善，管理水平不断提高，数据获取的时效性和准确度不断提高，全国碳排放权交易配额将逐渐由“事后分配”过渡到“事中分配”或“事前分配”。当前，我国碳排放配额分配方式相对单一，考虑到分配方式的公平性与碳交易市场的持续运营，将结合基准法、强度法和总量法，不断优化碳配额初始分配方式，为不同发展阶段的区域设计差别化、包容式的协调发展分配方案。

湖北省生态环境厅于2023年11月6日发布了《湖北省2022年度碳排放权配额分配方案》（鄂环函〔2023〕201号），确定纳入碳排放管理的企业343家，涉及钢铁、水泥、化工等16个行业，企业配额分配主要采用标杆法、历史强度法和历史法。

广东省生态环境厅于2024年1月11日发布了《广东省2023年度碳排放配额分配方案》（粤环函〔2024〕16号），根据《广东省碳排放管理试行办法》要求，将水泥、钢铁、石化、造纸、民航、陶瓷（建筑、卫生）、交通（港口）和数据中心八个行业企业纳入2023年度碳排放管理和交易范围。企业配额分配主要采用基准线法、历史强度法和历史排放法。水泥行业的熟料生产和水泥粉磨，钢铁行业的炼焦、石灰烧制、球团、烧结、炼铁、炼钢工序，普通造纸和纸制品生产企业，全面服务航空企业，数据中心行业企业使用基准线法分配配额。水泥行业其他粉磨产品，钢铁行业的钢压延与加工工序、外购化石燃料掺烧发电，石化行业煤制氢装置，特殊造纸和纸制品生产企业、有化学纸浆制造的企业，其他航空企业，陶瓷（建筑、卫生）、交通（港口）行业和机场（自愿纳入）行业企业使用历史强度法分配配额。水泥行业的矿山开采、石化行业企业（煤制氢装置除外），纺织（自愿纳入）行业企业使用历史排放法分配配额。2023年度配额实行部分免费发放和部分有偿发放，其中，钢铁、石化、水泥、造纸控排企业免费配额比例为96%，民航控排企业免费配额比例为100%，陶瓷（建筑、卫生）、交通（港口）、数据中心控排企业和自愿纳入的企业免费配额比例为97%，新建项目企业有偿配额比例为6%。按基准线法、历史强度法分配配额的控排企业，原则上先按上一年度核定配额量发放预配额，再根据经核定的当年度产品产量计算最终核定配额，并与发放的预配额进行比较，多退少补；按历史排放法分配配额的企业，原则上先按上一年度核定配额量发放预配额，再根据当年度的配额分配方法计算最终核定配额，并与发放的预配额进行比较，多退少补。新增控排企业原则上按上一年度报告排放量发放预配额。控排企业可视需要购买有偿配额。新建项目企业在竣工验收前购足有偿配额。新建项目企业正式转为控排企业管理并购足有偿配额后，省生态环境厅通过配额注册登记系统向其发放免费配额。

上海市生态环境局于2024年2月8日发布的《上海市2023年度碳排放配额分配方案》中规定，采取行业基准线法、历史强度法和历史排放法确定纳管企业2023年度基础配额。在具备条件的情况下，优先采用行业基准线法和历史强度法等基于排放效率的分配方法。对上海市发电、电网、供热等电力热力行业及数据中心企业，采用行业基准线法。对主要产品可以归为三类（及以下）、产品产量与碳排放量相关性高且计量完善的工业企业，航空、港口、水运、自来水生产行业企业，采用历史强度法。对商场、宾馆、商务办公等建筑，机场，以及产品复杂、近几年边界变化大、难以采用行业基准线法或历史强度法的工业企业，采用历史排放法。

### 2.1.4 全国碳市场运行特征

2021年7月16日，全国碳市场在北京、上海、武汉三地同时开市，第一批交易正式开启。从交易机制看，全国碳排放交易所仍将采用和各区域试点一样以配额交易为主导、以核证自愿减排量为补充的双轨体系。从交易主体看，全国交易系统在上线初期仅囊括电力行业的2225家企业，这些企业之间相互对结余的碳配额进行交易。

#### 2.1.4.1 碳价较2022年上升23%，交易量是2022年的4倍

全国碳市场自启动上线交易（2021年7月16日）至第二个履约周期截止（2023年12月31日），已连续运行898天，完成第一个履约周期（2019—2020年配额）和第二个履约周期（2021—2022年配额）的配额清缴工作。配额累计

成交 4.42 亿吨，累计成交额 249.19 亿元。其中大宗协议交易量 3.70 亿吨，占比 84%，挂牌协议交易量 0.72 亿吨，占比 16%。

2022 年，全国碳市场配额总成交量为 5089 万吨，总成交额 28.14 亿元。其中挂牌协议年成交量 622 万吨，占比 12%。从碳价波动情况来看，配额最高成交价 61.60 元每吨，最低成交价 50.54 元每吨，全年均价为 54.98 元每吨。2022 年度最后一个交易日收盘价为 55 元每吨，较 2021 年最后一个交易日上涨 1.44%。

受第二个履约周期截止日（2023 年 12 月 31 日）临近的影响，2023 年配额总成交量与碳价均显著上升。2023 年配额成交量 2.12 亿吨，是 2022 年的 4.2 倍，总成交额 144.44 亿元，是 2022 年的 5.1 倍。其中，挂牌协议交易成交量 3499.66 万吨，占比 17%，年成交额 25.6 亿元。大宗协议交易成交量 1.77 亿吨，年成交额 118.75 亿元。从碳价波动情况来看，配额最高成交价 81.67 元每吨，出现在 2023 年 10 月 20 日，最低成交价 50.52 元每吨。全年配额成交均价为 68.15 元每吨，较 2022 年均价上涨 23.24%，较第一个履约周期均价上涨 59.04%。

#### 2.1.4.2 MRV 体系进一步完善，企业数据质量管理要求更高

MRV 体系是保障碳市场数据质量的核心。2023 年，全国碳市场核算、核查指南与数据质量管理方法进一步调整，在保证数据精度的基础上逐步简化核算方法与工作流程。2022 年 12 月 19 日，生态环境部出台《企业温室气体排放核算与报告指南　发电设施》，用于指导全国碳排放权交易市场发电行业 2023 年度及以后的碳排放核算与报告工作。该指南在保留原有排放计算方法框架的基础上，针对企业普遍反映的核算方法复杂、技术链条过长、数据来源多样等问题，将碳排放报告核查涉及的公式进行了大幅简化和优化，部分非必需参数也从“重点参数”降级为“辅助参数”，仅报告不核查。例如，将计算方法复杂的供电量替换为直接读表的发电量，将供热比等 5 个参数改为报告项。同日，生态环境部出台《企业温室气体排放核查技术指南　发电设施》，用于规范发电行业碳排放核查工作，满足提升全国碳市场数据质量的需要，统一行业理解，精准指导第三方核查活动。

#### 2.1.4.3 配额分配方法小幅调整，新增配额预支灵活履约机制

配额分配制度是碳市场制度体系中的重要组成部分。2024 年 10 月 15 日，生态环境部印发实施了《2023、2024 年度全国碳排放权交易发电行业配额总量

和分配方案》，用于2023、2024年度配额分配、清缴等工作。相较《2019—2020年全国碳排放权交易配额总量设定与分配实施方案（发电行业）》《2021、2022年度全国碳排放权交易配额总量设定与分配实施方案（发电行业）》，该方案延续了前两个履约周期配额分配覆盖主体范围以及基于强度的配额分配方法。

与前两个履约周期配额分配方案相比，《2023、2024年度全国碳排放权交易发电行业配额总量和分配方案》在以下四方面进行优化调整。

一是配额核算口径发生变化。将基于“供电量”核定配额调整为基于“发电量”核定配额，发电量参数来自企业读表。

二是调整配额分配的修正系数。其一，取消机组供热量修正系数，通过优化调整基准值直接实现对发电机组供热的合理激励；其二，取消机组冷却方式修正系数，由于将基于“发电量”核定配额，空冷机组厂用电对配额分配的影响已从源头消除；其三，将“负荷（出力）系数修正系数”更名为“调峰修正系数”，并将补偿负荷率上限调整为65%，更精准鼓励承担调峰任务的机组。

三是引入配额结转政策。为解决企业惜售配额、市场交易不活跃、配额缺口企业履约压力较大等问题，规定了有配额盈余企业2019—2024年度配额结转为2025年度配额的具体要求。

四是优化履约时间安排。前两个履约周期均是每两个履约年度在同一时间履约，存在日常交易不活跃但履约截止时间前扎堆交易的问题，不利于市场平稳健康发展。现在将2023和2024两个年度的履约截止时间分别定为2024年底和2025年底，实现一年一履约，可有效促进企业交易，提升市场活跃度。

#### 2.1.4.4 国家核证自愿减排量项目暂停6年后重启，造林碳汇等4项方法学发布

> 根据《碳排放权交易管理办法（试行）》（生态环境部令第19号），国家核证自愿减排量是指对我国境内可再生能源、林业碳汇、甲烷利用等项目的温室气体减排效果进行量化核证，并在国家温室气体自愿减排交易注册登记系统中登记的温室气体减排量。

2012年以来，我国逐步构建形成了国家温室气体自愿减排管理和交易体系框架，实现在国家层面统一的国家核证自愿减排量（CCER）项目管理、备案签发、权属登记。由于存在项目不规范、减排备案远大于抵消速度、交易空转过多等问题，2017年3月起，我国暂停CCER项目备案审批。累计备案的CCER项

目超过1300个，完成减排量签发约7700万吨。

全国碳市场第一个履约周期约190家重点排放单位使用了3200万吨CCER抵消配额清缴，水电和风电项目占比超5%。2023年10月19日，生态环境部和国家市场监督管理总局联合发布《温室气体自愿减排交易管理办法（试行）》，系统规范了CCER交易的总体框架和实施流程。2023年10月24日，生态环境部出台包含造林碳汇、并网光热发电、并网海上风力发电和红树林营造在内的首批4项CCER项目方法学，标志着暂停6年的CCER交易迎来重启。当前，市场剩余的CCER减排量已不足3000万吨，从近期数据来看，2023年12月全国碳市场买入CCER的价格超过60元每吨，CCER价格已逐步接近碳价。

#### 2.1.4.5 扩行业迅速推进，水泥、钢铁、铝冶炼更新核算报告模板

扩大碳市场行业覆盖范围是完善碳市场机制设计，提高碳市场影响力的主要途径。国内外成熟的碳市场均纳入不同的行业类别，并不断丰富行业类别及交易产品类型。我国如期实现高质量碳达峰目标需对其他行业提出排放约束，“1+N”政策体系对于碳市场扩容提出明确要求。当前，全国碳市场已建立起全流程制度管理体系，纳入新的交易主体时机已基本成熟。

2023年5月18日，由生态环境部应对气候变化司组织召开“扩大全国碳市场行业覆盖范围专项研究”会议，加快开展全国碳市场扩大行业相关研究。2023年10月14日，生态环境部发布《关于做好2023—2025年部分重点行业企业温室气体排放报告与核查工作的通知》，针对水泥、铝冶炼、钢铁行业，完善设施（工序/生产线）层级排放核算与报告填报说明，修订了行业碳排放补充数据核算报告模板，解决了工序层级、企业层级核算边界与排放源不清晰、不明确的问题，统一了核算口径、核算要求和核算方法，为下一步全国碳市场扩大行业覆盖范围奠定了良好数据基础。

#### 2.1.4.6 我国碳市场面临的挑战

与欧盟等相对成熟的市场相比，我国碳市场刚刚起步，总体呈现行业覆盖较为单一、市场活跃度较低和价格调整机制不完善等特征。

（1）市场活跃度略显不足，碳交易价格整体下行

交易双方处于试探和摸底，碳交易的价格调控机制尚未充分形成。全国碳市场上线运营之后，交易双方仍处于试探和摸底阶段，交易规模仍处于市场整合时期的低位。据上海环境能源交易所数据显示，仅开市当天碳交易量超百万吨，之后五个交易日的交易量为十几万吨，其余日交易量在万吨以下且部分日成交量不

足百吨。与此同时，碳交易价格整体下行，2021 年 7—9 月的平均交易价格分别为 50.33 元每吨、46.84 元每吨和 41.76 元每吨，截至 2021 年 10 月 15 日，交易价格较开市当日下跌 14.3%。根据清华大学测算显示，目前我国全经济尺度的边际减排成本大概是 7 美元，略高于当前的交易价格。因此，当前价格信号并不能准确反映碳排放许可权的供给与需求状况，碳排放价格对企业生产决策的影响较小，企业减排的积极性还不够高。

（2）碳市场体系以配额交易为主，自愿减排为辅

当前，全国碳市场建设以试点经验为基础，采用配额交易为主导，国家核证自愿减排为辅的双轨体系。根据《碳排放权交易管理办法（试行）》，我国碳排放配额以免费分配为主，未来国家适时引入有偿分配，并鼓励排放主体通过国家核证自愿减排，但核证自愿减排量交易与抵扣机制尚未明确。碳排放配额是在生态环境部每年制定碳排放配额总量及分配方案的基础上，由各省生态环境部门额定分配。若企业最终年二氧化碳排放量少于国家给予的碳排放配额，剩余的碳排放配额可以作为商品出售；若企业最终年二氧化碳排放量多于国家给予的碳排放配额，短缺的二氧化碳配额则必须从全国碳交易市场购买，因此碳排放权作为商品在企业之间流通，通过市场化手段完成碳排放权的合理分配。根据上海环境能源交易所数据显示，自 2021 年 7 月 16 日上线交易以来，截至 2021 年 10 月 15 日，全国碳市场碳排放配额累计成交量 1815 万吨，累计成交金额约 8.2 亿元。

（3）碳市场初期仅将电力行业纳入交易

全国碳市场初期仅覆盖电力行业，高排放企业被纳入重点排放单位。根据国务院批准的全国碳市场建设方案，由于各行业碳排放配额核算方式不同，初期仅将电力行业纳入交易。据生态环境部发布的《碳排放权交易管理办法（试行）》，本阶段纳入全国性碳排放交易主体的企业须满足以下条件：属于全国碳排放权交易市场覆盖行业的、年度温室气体排放量达到 2.6 万吨二氧化碳当量的"温室气体重点排放单位"，也就是高碳排放企业，开市当天发电行业总计 2225 家发电企业和自备电厂参与交易。同时，这一规定也表明，当前仅有被分配到碳排放配额的企业可以参与交易，个人与机构投资者暂时无法参与其中，碳排放权暂不具备投资属性。

### 2.1.5 全国碳市场发展趋势及建议

#### 2.1.5.1 发展趋势

国际经验表明，与传统的行政管理手段相比，碳市场既能将温室气体控排责

任压实到企业，又能够为减碳提供经济激励机制，降低全社会的减排成本，带动绿色技术创新和产业投资。“十四五”时期，全国碳排放交易所或将会纳入更多行业与企业，强化与自愿减排量抵扣联动，建立完善的碳价机制，加速与地方碳市场的融合，催生更多绿色金融产品，以市场化、渐进化的方式，支持清洁能源、节能环保和碳减排技术的发展。

（1）非电力的“两高”行业和企业将会优先纳入交易体系

除电力之外的其他“两高”行业将逐步纳入交易体系。一方面，当前各国碳交易体系的覆盖范围存在巨大差异，很难找到适用所有体系的单一“正确”方法，但几乎所有体系均至少涵盖电力行业与工业部门，考虑到不同行业和排放源之间的巨大差异，行业排放的占比是决定行业是否被覆盖的决定因素。在发电行业碳市场稳定运行的基础上，石化、化工、建材、钢铁、有色金属、造纸、国内民用航空等七大高耗能高排放行业将被逐步加入当前全国碳交易体系中。另一方面，仅以高碳排放企业为主体的交易市场从一定程度上避免了市场投机行为的发生，但也限制了碳交易市场的活跃程度，降低了市场有效性，很难实现以市场化手段引导减排的目的。因此，在完善交易制度的前提下，降低企业入市门槛，并引入第三方投资者会是全面盘活碳交易市场的有效途径。

（2）交易品种和交易方式将日趋多元化

基于碳排放权衍生的金融产品将趋于多样化。在当前阶段碳市场仅涉及碳排放权配额的现货交易，交易品种和交易方式较为单一，限制了碳交易市场的活跃程度。2020年9月《中国（北京）自由贸易试验区总体方案》获批，指出在北京城市副中心探索设立全国自愿减排等碳交易中心，北京绿色交易所将对标国际领先的碳市场标准，发展资源减排交易、探索绿色资产跨境转让，并借鉴国际碳市场中碳期货、碳期权等成熟的经验，开展新型碳金融工具研究。此外，2021年4月，广州期货交易所在广州成立，是以碳排放为首个品种的创新型期货交易所，同时碳排放权期货、电力期货也是未来重要的研究方向。在市场机制成熟的条件下，期货、远期、期权、掉期和抵消信用等碳金融衍生品将被逐渐完善和推出。“十四五”时期，随着我国碳市场法律框架和信用体系的完善，碳金融市场将快速发展，将逐步形成现货、期货同时覆盖，交易模式和交易品种不断丰富的局面。

（3）反映碳排放许可权稀缺性的价格机制将初步形成

随着碳交易市场的日益成熟，我国碳配额总量及免费碳配额比例将逐年下降，碳定价机制的完善将加速推进。根据欧盟委员会数据显示，在欧盟碳市场建设初期（2005—2007 年），欧盟碳配额总量为 20.58 亿吨每年（$CO_2$ 当量），均免费发放给企业。2008—2012 年，碳配额总量下降至 18.59 亿吨每年（$CO_2$ 当量），其中 10%用于拍卖，到 2013 年以后，拍卖比重将上升至 57%，并且碳配额总量加速递减。碳配额总量的下降意味着企业需要更加主动减排，免费碳配额的下降则意味着企业在同样的碳排放量下需购买更多的碳配额实现碳排放量达标。因此，“十四五”时期，在“碳达峰、碳中和”的要求下，我国需制定更高的自愿减排贡献目标来推动碳市场的加速发展。首先，碳配额总量将逐渐过渡至配额减少的市场稳定储备机制，“资源有偿使用”理念的深入树立推动渐进式拍卖以及核证自愿减排量交易与抵扣机制加速完善。其次，随着配额的收紧以及“双控”政策的约束，碳价逐渐上涨也将成为长期趋势。最后，随着越来越多行业加入全国碳交易市场，当前基准线法的配额分配方法并不适用于化工、造纸等细分产品较多的行业，以基准线法和历史排放法为主的综合分配方案将日趋完善，反映碳排放许可权稀缺性的价格机制将初步形成。

（4）统一的碳排放核算体系将加快建立

碳排放核算体系的建立是碳市场高效运行的基础。首先，2015 年我国发布了《工业企业温室气体排放核算和报告通则》以及发电、钢铁、民航、化工、水泥等 10 个重点行业温室气体排放核算的国家标准，但随着可再生能源对化石能源的加速替代以及创新技术的发展，以电力为代表的主要行业的核算方法和监测体系亟须升级。其次，每个细分行业的排放标准、核算边界、认证方法、减碳技术、产品碳足迹等方面的制度目前还不够完善。最后，对于不同地区发展程度不同的企业而言，一套行之有效且操作便捷的产品碳排放核算方法、制度、数据采集以及整理的体系也亟待建立。因此，“十四五”时期，碳排放将成为生产要素的重要组成部分，全国范围内统一规范的碳排放统计核算体系将加快建立，推动不同行业碳排放标准、核算和认证的统一。

（5）全国和地方碳市场的制度协调性将不断加强

碳价统一是全国和地方碳市场协调的首要表现。首先，自我国碳市场试点以来，在政府配额松紧差异、投资机构是否允许进入、交易主体的覆盖范围、碳金融产品的发展速度以及企业对碳交易熟悉和重视程度的差异使得各试点地区碳价格的波动率差异较大。其次，在市场覆盖方面，全国碳市场与试点市场的行业既有交叉但又有较大差异，且交易主体碳排放规模差异大，不利于形成有效均衡价格。此外，各地方碳市场规则如何向全国碳市场规则统一，且企业所持配额如何结转也将是地方碳市场与全国碳市场制度性协调需解决的问题。从国际碳市场发展经验来看，国家和地区间碳市场的衔接，可以在更广范围及经济领域内有效实现统一碳价，提高减排效率，降低减排成本。因此，“十四五”时期，地方碳市场与全国碳市场在配额分配方法、交易制度、交易流程、碳价等方面的制度性协调力度将加大，避免市场割裂，维护市场完整性，进而推动全国碳市场“一盘棋”。

### 2.1.5.2 建议

建设全国碳市场是利用市场机制控制和减少温室气体排放、推进绿色低碳发展的一项重大制度创新，也是实现碳达峰目标与碳中和愿景的重要政策工具。为完善全国碳市场的建设与发展，建议完善全国碳市场运行全流程的体制机制，加速建立碳排放管理体系，开展碳数据信息化建设，加快专业人才培养，夯实碳市场运行基础，进而推动全国碳市场的稳定发展。

（1）完善制度体系建设，推动碳市场稳定发展

建议加快完善全国碳市场建设全流程的体制机制，做到市场运行有法可依。当前全国碳市场的制度框架虽然已经基本建立，但由于覆盖范围单一，现有的制度均是基于单一行业。随着全国碳市场未来不断纳入新的主体与交易产品，单一行业的制度无法全面支撑，也无法形成有效的监管机制来识别市场中的寻租及违规行为。因此，应尽快通过碳排放权交易管理条例的国家立法，从而推动全国碳市场的运行有法可依；加快建立全国碳市场全流程的总量控制机制、配额分配机制、交易制度、核证减排量管理制度、监管制度以及风险控制机制，推动各部门之间形成协调机制，确保全国碳市场的稳定发展。

（2）加快碳排放管理体系建设，夯实碳市场运行基础

建议加快建设“国家-行业-企业”三位一体的碳排放管理体系，夯实碳市场运行基础。一方面，支持各行业及科研机构加快研究不同行业的碳排放核算和统计方法，加快形成国家层面的碳排放核算和统计体系，从而明确我国的减排目标。另一方面，从市场参与主体入手，提高企业参与意愿和能力，并基于碳排放核算体系，依托行业来指导企业碳核算，确保基础数据真实可信。

（3）开展碳数据信息化建设，加快培养专业化人才

建议针对碳交易市场中多元化的数据要求建立统一的信息平台，通过梳理和调整碳排放数据统计口径和方法，建立全行业碳排放数据库，实现从数据采集、

统计到核算的全链条管理，从而有效提高数据管理效率，降低管理成本。同时，推动不同行业加强专职碳核算、碳交易、碳数据管理的队伍建设，培养一批熟悉并掌握碳市场机制与碳交易工具的专业人才，进一步为全国碳市场的建设夯实基础。

## 2.2 全国碳市场核算体系

### 2.2.1 全国碳市场监测体系

全国碳市场监测体系也被称为碳市场数据监测、报告与核查（MRV）体系，是规范纳入碳排放量管控的企业生产和排放数据报送、监测与质量控制的一套机制。监测、报告与核查的概念来源于《联合国气候变化框架公约》第13次缔约方大会提出的对发达国家缔约方支持发展中国家缔约方加强减缓气候变化国家行动的可监测、可报告、可核查的相关要求。

全国碳市场监测体系涉及的主体包括政府主管部门、纳入企业、第三方核查机构、咨询服务机构、检测机构等，是一个涉及多方主体并在一定技术规范指引和规则约束下各司其职的有机整体。各类主体需发挥好各自应有的作用，任何环节都不可或缺。

碳排放交易体系监管机构应针对本体系覆盖范围内的所有排放源定义具体的排放监测要求，这些排放监测要求应对本体系覆盖范围内的所有行业说明清楚。此类指导方针可借鉴数量众多的已有方法、产品和活动描述、排放因子、计算模型和相关假设等，在某些情况下，这些可参考资料需根据碳排放交易体系的具体情况量身定制，应针对不同行业和不同温室气体选择最适用的监测方法。监测的一种方式是先提出一种相对易于应用（与核查）的保守型默认排放因子方式，然后要求规模较大的参与者开展更精准的监测。此举旨在谋求监测质量与工作量的平衡，在最大限度减少因监测不力而产生一定的非正常获益现象的同时，力图规避对无法负担更精准监测方式或只是缺乏更精准监测能力的小型排放源进行不必要的过度要求。监管机构需要在平衡获取准确可靠数据的同时限制潜在的博弈风险。尤其是在碳排放交易体系早期阶段，当缺失持续监测与报告数据的时间序列时，与具体场地等因子相关的不确定性可能引发巨大的博弈风险。为降低这种风险，碳排放交易体系可采用分步骤分阶段实施的方式，逐步引入更精准的监测与报告办法。开始时可采用默认排放因子，之后在严格监控下认真谨慎地过渡到具体地点取样和排放因子计算。

### 2.2.2 全国碳市场核查体系

欧盟、美国和韩国等在碳排放权交易市场启动之初便颁布了明确的政策法规，以指导和规范核算、报告与核查工作。我国还处在碳排放权交易市场建设的初期阶段。2013年以来，通过对重点排放单位碳排放相关数据的核算、报告与核查，不断总结经验并完善相关技术要求，现已基本形成了核算、报告与核查体系。

核算、报告与核查在碳排放权交易体系中的作用主要表现在以下几方面：首先，核算、报告与核查为碳排放权交易体系提供真实、可靠的数据基础，为碳市场交易的平稳运行提供支撑；其次，核算、报告与核查是碳排放权交易体系公信力的保证，通过对核算、报告与核查提出严格的技术要求，有助于提高碳排放相关数据的真实性和准确性，从而提升碳排放权交易体系的公信力；第三，核查是碳排放权交易体系的重要监管手段，核查过程本质上是核查机构协助政府对控排企业核算和报告过程的监管，通过核查，不仅可以为控排企业报告的数据提供质量保证，同时还可以提升控排企业遵守相关法规的意识和能力；第四，核算、报告与核查有助于控排企业对碳排放及其控制工作进行科学管理，准确、可靠的数据可以帮助控排企业设定合理、经济、可行的减排目标并努力实现；第五，核算、报告与核查可为主管部门进行数据统计、组织科学研究以及制定相关碳排放政策提供数据基础。

透明、准确、完整、一致的碳排放核算报告和客观公正的核查是支撑和保障全国碳排放权交易市场顺利运行的基础。核算和报告的基本原则如下。

（1）透明性

指重点排放单位应该以透明的方式获得、记录、分析碳排放相关数据，包括核算边界、排放源、活动水平数据、排放因子数据、核算方法、核算结果等，从而确保核查人员和主管机构能够还原以及重复验算排放的计算过程。

（2）准确性

指尽可能减少核算数据的偏差和不确定性。核算量化过程的不确定性包括人为误差和各种数据的误差，应尽量减少误差。

（3）完整性

指所核算的碳排放量包括了核算指南所规定的核算边界内所有排放源产生的化石燃料燃烧、工业生产过程、外购电力和热力产生的碳排放以及其他相关排放。

（4）一致性

重点排放单位应使用核算指南中规定的核算方法，一致性体现在：整个报告期内核算和报告的准则保持一致；历史排放报告和年度排放报告的核算方法保持一致；不同重点排放单位存在类似情形时，核算方法保持一致。

核查的基本原则如下。

（1）客观独立

核查机构应保持独立于重点排放单位，避免偏见及利益冲突，在整个审核和核查活动中保持客观。

（2）诚实守信

核查机构应具有高度的责任感，确保审核和核查工作的完整性和保密性。

（3）公平公正

核查机构应真实、准确地反映审核和核查活动中的发现和结论，还应如实报告审核和核查活动中所遇到的重大障碍以及未解决的分歧意见。

（4）专业严谨

核查机构应具备核查必需的专业技能，能够根据任务的重要性和委托方的具体要求，利用其职业素养进行严谨判断。

在碳排放核算、报告与核查的相关技术要求方面，国家主管部门于2013—2015年间分三批发布了24个行业的温室气体排放核算方法与报告指南，要求重点排放单位详细报告如下内容：①报告主体基本信息，包括报告企业名称、单位性质、报告年度、所属行业、统一社会信用代码、法定代表人、填报负责人和联系人等相关信息；②温室气体排放量，包括报告在核算和报告期内的温室气体排放总量，并分别报告化石燃料燃烧排放量、工业生产过程排放量、净购入使用电力产生的排放量和净购入使用热力产生的排放量等；③活动水平及其来源，以发电企业为例，报告所有产品生产所使用的不同品种化石燃料的消耗量和相应的低位发热量、脱硫剂消耗量、净购入的电量；④排放因子及其来源，以发电企业为例，报告消耗的各种化石燃料的单位热值含碳量和碳氧化率、脱硫剂的排放因子、净购入使用电力的排放因子。为了确保纳入全国碳排放权交易体系的重点排放单位填报温室气体排放相关数据，确保配额的发放和清缴工作顺利实施，国家发展改革委办公厅发布《关于做好2016、2017年度碳排放报告与核查及排放监测计划制定工作的通知》，涵盖石化、化工、建材、钢铁、有色、造纸、电力、航空等重点排放行业，主要包括温室气体排放核算与报告及制定监测计划、第三方核查及复核与报送的工作任务。

2016 年，《国家发展改革委办公厅关于切实做好全国碳排放权交易市场启动重点工作的通知》（发改办气候〔2016〕57 号）以附件 5 的形式发布了《全国碳排放权交易第三方核查参考指南》，用于指导核查机构开展碳排放核查工作。经过一年多的应用，2017 年上述指南经修改完善后在《国家发展改革委办公厅关于做好2016、2017 年度碳排放报告与核查及排放监测计划制定工作的通知》（发改办气候〔2017〕1989 号）中作为附件 5《排放监测计划审核和排放报告核查参考指南》发布。又经过一年多的应用，2019 年生态环境部办公厅在《关于做好 2018 年度碳排放报告与核查及排放监测计划制定工作的通知》（环办气候函〔2019〕71 号）中以附件 4 发布进一步修改完善的《排放监测计划审核和排放报告核查参考指南》。

## 2.2.3 数据质量控制和保证

碳排放统计核算是一项重要的基础性工作，为科学制定国家政策、评估考核工作进展、参与国际谈判履约等提供必要的数据依据。《**中共中央　国务院关于完整准确全面贯彻新发展理念做好碳达峰碳中和工作的意见**》和《**2030 年前碳达峰行动方案**》提出要建立统一规范的碳排放统计核算体系。为贯彻落实党中央、国务院部署，2022 年 4 月 22 日，国家发展改革委、国家统计局、生态环境部印发《**关于加快建立统一规范的碳排放统计核算体系实施方案**》，系统部署我国碳排放统计核算体系建设的重点任务。

行业企业碳排放数据质量进一步提升。结合已有行业企业实践经验，统筹兼顾准确性、可操作性以及监管成本等多个维度，制修订企业以及设施温室气体排放核算方法指南标准，逐步建立完善企业温室气体报告制度。不断强化行业企业碳排放数据的日常监管，加强碳排放核查以及第三方审定与核证机构的监督管理，加大对控排企业碳排放数据质量的监督执法力度，对数据造假等行为加大处罚力度，筑牢行业企业碳排放数据质量基石。

现有的基础统计制度进一步完善，包括新增统计指标，细化统计分类，提高有关统计工作时效性。加强我国关键排放源特征参数统计调查和排放因子定期监测，结合全国碳市场企业数据报送，建立我国官方权威的排放因子数据库，为不同层级碳核算提供技术参数，降低碳核算成本并提高核算的准确性。建设全国碳市场一体化管理平台，打破数据孤岛、打通融合现有数据系统、增强业务数据共享，给全国碳市场建设提供有力支撑，提升碳排放数据的日常管理能力和信息化水平。探索卫星遥感等大尺度高精度监测手段的应用，支持开展大气温室气体浓度反演排放量模式等研究。

### 2.2.4 MRV 方法及应用前景

**MRV 方法即监测、报告与核查方法，具体定义是什么?**

监测：通过安装先进的监测设备，如连续排放监测系统（CEMS）、能源计量器具等，实时或定期获取企业的能源消耗和排放数据。

报告：企业按照规定的格式和要求，将监测到的数据进行整理和计算，编制碳排放报告，包括排放量、活动水平、排放因子等信息。

核查：由第三方核查机构对企业提交的碳排放报告进行独立审查和验证，确保数据的准确性和可靠性。

MRV 方法的应用前景有以下几个方面。

（1）促进企业减排

准确的 MRV 方法能够帮助企业清晰了解自身的碳排放情况，从而制定针对性的减排策略和行动计划，推动企业降低碳排放。例如，某制造业企业通过 MRV 发现生产过程中的能源消耗过高，于是采取了节能改造措施，降低了碳排放。

（2）优化碳市场交易

为碳交易提供可靠的数据基础，使得碳配额的分配更加公平合理，提高碳市场的交易效率和活跃度。比如，根据准确的碳排放数据，企业可以更准确地评估自身的碳配额需求，进行合理的买卖交易。

（3）支持政策制定

为政府制定更加科学、有效的气候政策和减排目标提供数据支撑，助力国家实现碳达峰、碳中和目标。例如，政府依据 MRV 数据评估不同行业的减排潜力，制定差异化的产业政策。

## 2.3 碳市场数据质量监管体系

碳排放数据质量管理不能完全依赖于一年一次的核查工作，要通过常态化的日常监督管理，及时发现问题、解决问题，将相关问题消灭在“萌芽状态”。要建立国家、省、市三级联审的日常管理工作机制，对企业月度存证数据和年度排放报告的及时性、规范性、准确性、真实性进行常态化审核把关。生态环境部将基于大数据的信息化手段，与注册登记系统、交易系统及环保大数据互联互通，动态掌握企业耗能及相关参数情况，强化留痕管理；及时向地方预警异常数据，适时开展飞行检查；建立碳排放数据质量管理考核通报机制，对问题核实反馈不及时、整改处罚不到位的地方予以通报批评。省级生态环境部门要加强月度报告的监督检查，强化数据质量控制，确保部门加强月度报告的监督检查，确保报告的真实性、完整性。地市生态环境部门负责具体实施数据报告的真实性、完整性和具体实施数据质量日常监督管理，切实督促企业对重点参数的原始记录进行信息化存证，及时核实问题情况。

### 2.3.1 落实组织信息化存证

2023 年 2 月，生态环境部办公厅发布《关于做好 2023—2025 年发电行业企业温室气体排放报告管理有关工作的通知》，要求对于纳入全国碳市场的重点排放单位，自 2023 年起需组织开展月度信息化存证上报制度，在每月结束后的 40 个自然日内，通过管理平台上传燃料的消耗量、低位发热量等数据及相关支撑材料。

### 2.3.2 落实常态化执法检查

生态环境部办公厅于 2021 年 10 月发布的**《关于做好全国碳排放权交易市场数据质量监督管理相关工作的通知》**提出，要建立碳市场排放数据质量管理长效机制。

省级生态环境主管部门应成立工作专班，加强对发电行业重点排放单位、核查技术服务机构、咨询机构、检验检测机构的监督管理，建立定期核实和随机抽查工作机制。

地方层面，以上海市为例，上海市生态环境局 2023 年 2 月发布的《关于全面加强全国碳市场数据质量管理的通知》明确，将碳市场数据质量管理纳入年度生态环境保护专项执法与“双随机、一公开”监管。各区生态环境局组织执法及监测等机构对辖区内重点排放单位进行常态化执法检查，检查内容包括但不限于：名单的准确性；月报和支撑材料的及时性、完整性、规范性、真实性；企业数据质量控制计划的有效性；燃料消耗量、热值、元素碳含量等实测参数在采样、制样、送样、化验检测、核算等环节的规范性；检测报告的真实性和有效性；有关原始材料、煤样等保存时限是否合规；投诉举报情况；上级部门转办交办有关问题线索的查实情况等。

这些政策旨在压实企业主体责任，加强对碳市场数据质量的监督管理，确保碳排放数据的真实、准确、可靠，推动碳市场的健康、平稳运行。

### 2.3.3 三级联审及日常监管

碳排放权交易具有很强的政策主导性，市场参与主体对碳排放权利属性不清导致的不确定性存疑，加之碳排放权交易专业性较强、跨部门跨专业，需要政府对碳市场进行统一有效监管。从监管制度体系来看，我国初步形成了国务院—部委—地方人大—地方政府及其部门—交易所这样一个相对完整的碳市场制度规则体系。

（1）监管主体

我国碳排放权交易主要的监管机构经历了从国家发展和改革委员会到生态环境部的转变，地方层面主要为地方各级生态环境厅。政府在碳排放权交易中负责主导协调作用，碳排放权交易机构也负责对交易过程进行监督约束，监督内容包括交易秩序和交易安全的保障。交易机构是“前线监管者”，负责与交易相关的监管职能，保障碳排放交易的透明度；第三方核查机构作为辅助监管的重要机构，对碳排放权交易中排放信息数据的准确性起到极为关键的作用。

（2）监管对象

监管对象包括市场参与主体及市场行为。市场参与主体主要就是指重点排放企业、交易机构及其工作人员、第三方核查机构及其工作人员。市场行为指的是各主体在碳交易市场进行的各项市场活动。

（3）监管方式

监管方式可分为信息披露与奖惩机制两种。信息披露是碳交易监管系统中一种主要的监管手段，交易主管部门、交易机构、控排单位承担不同的信息披露职责；奖惩机制作为健全事后环节行政监管的主要手段，对碳排放交易起着不可或缺的作用。惩罚机制主要通过责任追究的形式体现。激励措施的主要形式为资金支持、金融支持、政策支持。资金支持通常是设立碳排放专项资金；金融支持是鼓励金融机构搭建投融资平台，探索碳排放权抵押、质押等新式融资方式；政策支持指的是出台政策优先支持申报国家、省节能减排相关项目的碳减排企业。

(4) 监管规则

我国碳排放监管体系中，监管规则主要包括总量控制规则、覆盖范围规则、碳排放配额管理规则、碳排放配额交易规则、监测报告与核证规则、履约规则。我国采用强度目标，设定每年的碳排放总量，并分配给各省、自治区、直辖市以及重点行业和企业，企业通过节能减排等各种措施达到国家规定的碳排放目标；覆盖范围包括行业覆盖、地域覆盖、企业覆盖等；我国目前碳排放配额以免费分配为主，分配方法以历史强度法、历史总量法、基准线法交叉结合为主；交易机制可分为分配登记制度、交易规则以及结算与清算规则；针对碳排放交易监测报告与核证规则、履约规则，均制定了相应的指南、管理办法进行规定。

从监管过程来看，我国碳市场实行一级市场监管、二级市场监管、履约清缴监管三个环节，如图 2-1 所示。

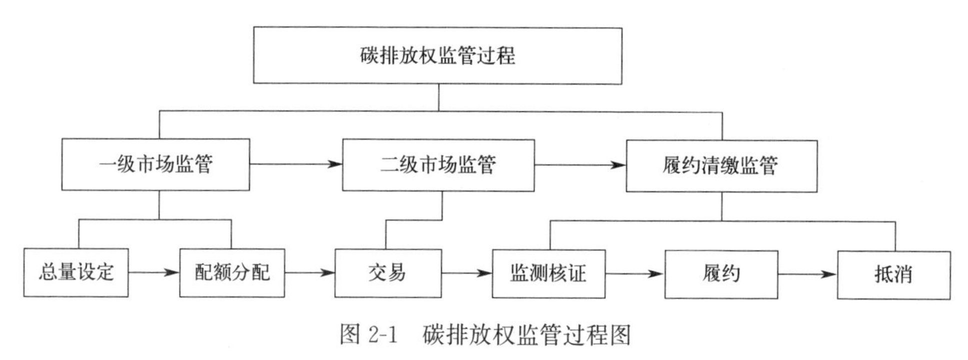


图 2-1　碳排放权监管过程图

(资料来源：陈虹铮．我国碳排放权交易监管制度研究[D]．福州：福建农林大学，2023)

一级市场监管包括总量设定与配额分配两个过程。在总量设定上，由国务院碳排放权交易主管部门依据国家温室气体排放目标，结合经济发展状况、环境质量要求与排放数据，科学合理设定我国碳排放总量。在配额分配上，初期发展阶段，从平衡地区和行业利益，以减排起到激励作用为出发点，我国目前碳排放配额的分配以无偿分配为主。随着碳交易市场机制的逐渐成熟，为进一步激发市场的流动性与企业减排意识，分配方式向有偿分配为主的分配方式过渡，目前国内浙江、北京、宁夏、江苏等四个省（自治区、直辖市）提出探索碳配额有偿分配。

二级市场监管包括交易环节的监管。我国的碳排放权市场交易方式包含现货交易和衍生品交易，结算方式采用当日清缴模式，并通过账户变动和登记系统来进行交易，实现碳排放权资产的权利变动。

履约清缴监管包括监测核证、履约、抵消三个环节。我国已开展碳排放数据的 MRV 体系建设，监测核证是重要环节之一，目前主要是采用第三方机构进行核证监管，负责对企业碳排放数据进行核查，其核查结果将直接影响着市场的正常运行和监管效力。但由于碳排放精准监测的技术难度大，监测部门碳排放核查能力有待提高，保障第三方核查机构严格核查监督的机制仍需进一步完善。

### 2.3.4 质量的监督帮扶机制

碳排放数据的准确性是碳排放权交易市场的生命线。碳排放数据的相关责任主体主要有重点排放单位、咨询服务机构、检验检测机构以及核查技术服务机构。这四类主体均涉及和影响碳排放数据质量。重点排放单位是指符合碳排放权交易主管部门确定的排放标准，纳入温室气体重点排放名单里的独立法人。咨询服务机构是受重点排放单位委托，协助其开展碳排放数据管理、核算碳排放量、编制碳排放报告的第三方服务机构。检验检测机构是指依法成立且能够利用相关的技术条件和专业技能，对特定产品或者对象进行检验检测的技术组织。核查技术服务机构是受生态环境主管部门委托，对重点排放单位提交的碳排放报告开展核查的第三方服务机构。虽然这四类主体均需对碳排放数据质量负责，但目前的立法规定还需进一步完善，现有的主要集中在重点排放单位和核查技术服务机构两类主体的规定方面。

（1）对重点排放单位的监管

对重点排放单位，参照《碳排放权交易管理办法（试行）》第二十五条、第三十九条，碳排放数据报告的真实性、完整性和准确性由其负责，若虚报、瞒报碳排放数据报告或者拒绝履行碳排放数据报告义务，生态环境主管部门有权责令其限期改正，并根据情节处以一万元以上三万元以下的罚款。不过，碳排放案件通常涉案金额巨大，立法设定“一万元以上三万元以下的罚款”显然有违背行政处罚相当原则之嫌。究其原因，《碳排放权交易管理办法（试行）》是 2021 年 2 月 1 日开始实施的部门规章，其印发时所适用的《中华人民共和国行政处罚法》（2017 年修正）第十二条指出，在没有法律、行政法规规定的情况下，部门规章对违反行政管理秩序的行为可以设定符合限额规定的罚款。但同时 1996 年发布的《国务院关于贯彻实施〈中华人民共和国行政处罚法〉的通知》中指出，部门规章对非经营活动中有违法所得的罚款最高不能超过 30000 元，因此，对通报案件中的重点排放单位处以“一万元以上三万元以下的罚款”数额合法有效。

（2）对咨询服务机构的监管

对咨询服务机构，《碳排放权交易管理办法（试行）》中未作出专项规定，且国内立法对咨询服务有规定的也不多见，因此，对咨询服务机构碳排放数据造假行为的行政处罚面临较大障碍。即使参照《中华人民共和国环境保护法》第六十五条，要求咨询服务机构承担连带责任，但在实践中仍有很大分歧。目前，主管部门能够采取的处罚手段仅为实施诚信惩戒。例如，在某公司篡改伪造检测报告，授意指导制作虚假煤样等弄虚作假问题案件中，某生态环境厅依据《××公共信用信息管理条例》的相关规定，将该公司纳入失信信息主体，并采取相应惩戒措施。从刑事责任角度看，咨询服务机构若实施了篡改、伪造排放数据报告等行为，依据《中华人民共和国刑法》（以下简称《刑法》）第二百二十九条，其行为属于提供虚假证明文件的行为，涉嫌提供虚假证明文件罪，进而追究其刑事责任。因此，对通报案件中的咨询服务机构，根据情节要求其承担相应刑事责任，既可实现罪责相当，又能有效震慑市场中的其他主体。

（3）对检验检测机构的监管

《碳排放权交易管理办法（试行）》中对检验检测机构未作出专项规定，但是其出具具有证明作用的检验检测数据、结果、报告的行为，可以适用《检验检测机构监督管理办法》的相关规定，即检验检测机构出具虚假检验检测报告的，主管部门有权撤销、吊销、取消其检验检测资质或者证书。同时，根据《市场监督管理严重违法失信名单管理办法》，检验检测机构还应被列入严重违法失信名单。此外，依据我国《刑法》第二百二十九条，通报案件中检验检测机构的行为也是一种提供虚假证明文件的行为，同样触犯提供虚假证明文件罪，应追究相应刑事责任。

（4）对核查技术服务机构的监管

对核查技术服务机构，《碳排放权交易管理办法（试行）》只是原则性规定其对核查结果的真实性、完整性和准确性负责；若涉嫌犯罪，生态环境主管部门有权将其移送司法机关。除此之外没有其他行政处罚规定。而且，核查技术服务机构与其他两类服务机构有很大不同，虽然财政部在2014年制定了关于政府采购违法失信的工作文件《关于报送政府采购严重违法失信行为信息记录的通知》，并规定了相应的列入严重违法失信行为记录名单的惩戒措施，但因核查机构履职不到位的行为难以直接归属为该文件所规定的违法行为，故无法通过列入严重违法失信行为记录名单的方式对其采取相应的惩戒措施。部分地方性法规中对第三方机构出具虚假、不实核查报告作出了明确的处罚规定，如2022年7月1日起施行的《深圳市碳排放权交易管理办法》第五十二条规定相关行政部门根据情节处五万元到十万元罚款。

## 思考题

（1）碳排放权的含义是什么？

（2）我国碳市场配额分配的主要方式是什么？请举例说明。

（3）什么是CCER？CCER项目都包括哪些类别？

（4）如何确保全国碳市场核算体系数据的准确性和可靠性？有哪些具体的监督和审核机制？

（5）不同参与主体（如企业、监管机构、第三方核查机构）在碳市场数据质量管理中各自应承担哪些具体责任？

# 3 碳排放数据管理工作依据

碳排放数据管理工作依据可分为法律法规、部门规章、规范性文件、技术规范、工作通知等。本章重点介绍了碳排放数据管理工作依据的主要内容，以期为企业碳排放数据管理提供法律依据。

碳排放数据管理相关的法律法规、政策文件，如《碳排放权交易管理暂行条例》等，明确了数据质量管理的责任划分、监管机制、违法处罚等内容；同时还有各类技术规范和标准，如温室气体排放核算方法、监测技术指南等，为数据的采集、核算、报告和核查提供了具体的方法和要求；生态环境部的部门规章《碳排放权交易管理办法（试行）》以及依据其制定的其他文件对碳排放配额分配登记、碳排放配额排放交易、碳排放核查和配额清缴以及碳排放交易的监督管理进行了相应的规定；此外，生态环境部的相关规划和文件，包括碳排放权交易市场数据质量监督管理、企业温室气体排放报告的核查与管理、重点行业建设项目碳排放的环评试点文件、在产业园区规划环评中开展碳排放评价试点文件也为碳排放数据管理指明了方向和重点，共同构成了碳排放数据管理工作的依据。

## 3.1 碳数据管理的法律法规

### 3.1.1 碳数据管理的有关法律

目前，碳数据管理涉及的相关法律为《中华人民共和国刑法修正案（十一）》中第二十五条的内容，将《刑法》第二百二十九条修改为：“承担资产评估、验资、验证、会计、审计、法律服务、保荐、安全评价、环境影响评价、环境监测等职责的中介组织的人员故意提供虚假证明文件，情节严重的，处五年以下有期徒刑或者拘役，并处罚金；有下列情形之一的，处五年以上十年以下有期徒刑，并处罚金。”

这段法律条文主要对承担特定职责的中介组织人员故意提供虚假证明文件的行为进行规制。首先，明确了承担资产评估、验资、验证、会计、审计、法律服务、保荐、安全评价、环境影响评价、环境监测等职责的中介组织人员的责任。其次，这一修改加大了对相关中介组织人员违法行为的打击力度，旨在维护市场秩序，保障公众利益，确保这些中介服务的真实性和可靠性。另外，在碳排放数据方面，如果相关人员故意提供虚假数据或证明文件，将可能面临严厉的刑事处罚，这有助于保障碳数据的真实性。

碳排放权交易建设涉及经济、能源、环境和金融等社会经济发展的方方面面，涉及政府和市场之间、各级政府和各部门之间以及公平与效率之间等诸多问题，是一项复杂的系统工程。配额作为一种政策商品，其商品稀缺属性的保证、产权的确定以及交易规则的执行都需要法律法规的保障，同时碳排放权交易政策的制定和实施也需要法律的保障。

碳排放权交易作为一种强制的政策性市场，需要依托法律法规保障政策的强制力和约束力，明确碳排放权交易各个要素和各相关方的权利义务，指导和规范市场主体的行为。全国碳排放权交易的法律体系设计，以法律法规为基础，通过规章、规范性文件和技术标准对碳排放交易体系有关制度安排进行细化，并建立了碳排放核算、报告与核查制度，重点排放单位配额管理制度，市场交易相关制度等。

#### 3.1.1.1 顶层法律设计

全国碳排放权交易应当出台高层级的立法，保障碳排放权交易约束力的强制性，保障司法救济的有效性，并从根本上明确碳排放权的法律性质，确立碳排放权交易制度的合法性。第一，顶层法律应当保证其法律层级，确立碳排放权交易制度的法律地位和碳排放配额的法律属性，保障碳排放权交易运行环境的稳定化和法治化；第二，其法律层级需要满足设立必要的行政许可、保障一定强度的处罚以确保履约的约束力；第三，应将碳排放交易体系各项要素通过法律、法规的形式确定下来，作为后续出台详细规则的依据；第四，应明确相关方的权利和义务、各监管部门的职责分工、配额有偿分配收益的使用途径，确立交易机构和核查机构的资质管理制度、信息披露制度，保证体系的透明性。

根据国内外的政策实践，顶层法律设计的最大挑战在于法律层级。从国外实践经验来看，高层级的法律基础是其政策约束力的有力保障，也是处理碳排放权交易违规行为、解决碳排放权交易相关纠纷的有力依据。而我国试点碳排放权交易建设却呈现“政策先行、立法严重滞后”的特点，以地方政府规章等形式作为碳排放权交易建设和运行主要依据的国内部分试点，在相关规则尤其是履约规则的设立和执行方面，往往面临巨大阻力。高层级立法缺失可能会导致碳排放权交易公信力不足，碳排放数据核算、报告与核查工作难以有效开展，履约工作推进困难，违约惩罚依据缺失，等等，增加了碳排放权交易运行的风险。只有通过较高层级的立法，从法律上明确碳排放权交易主管部门的职责，明晰参与各方的权利与义务，提高对违法违规行为的惩处力度，才能确保体系的顺利运行，促进市场制度健康稳定发展。

因此，顶层法律的法律层级选择是首先需要重点考虑的问题，需要在立法需求和立法难度之间做出权衡。一方面，应当明确顶层法律的层级所应满足的需求：①能够针对配额分配与清缴制度、碳排放核查机构资质制度和碳排放权交易机构资质制度设立行政许可；②设立足够高的处罚力度，低层级法律法规受《中华人民共和国行政处罚法》《中华人民共和国立法法》等高阶法律的约束，难以对重点排放单位施加足够的履约压力，难以保证体系的强制性；③定义碳排放权的法律性质，避免全国碳排放交易体系的行政性质过强而法律地位低下；④规定各利益相关方的权利义务，明确政府各相关部门的职责分工。另一方面，比较《中华人民共和国立法法》对人大及其常委会所制定的法律，国务院的行政法规、决定、命令，以及国务院部门规章等不同层级法律法规的效力和内容的差异，尤其在设立行政许可和行政处罚额度方面的差异，国务院部门规章的层级不能满足全国碳排放权交易顶层法律的需求。

考虑到立法难度、立法流程和立法时长，全国碳排放权交易的顶层法律应当争取以国务院行政法规的形式出台，明确配额的法律地位，明确碳排放权交易相关配额收缴、数据报送、交易体系等制度的合法性，明确监管部门及其职权，明确违约、违法的处罚措施和处罚力度，保证信息公开。此外，应针对配额分配方法、抵消机制、温室气体排放数据监测报告与核查、市场调节等重要环节，制定细致的可操作性强的指导性法规，来规范相关方的行为，保障碳排放交易体系的顺利、有效运行。其中需要着重注意配额分配方法、配额的法律属性和会计准则、拍卖收益用途、监管部门职责等容易引发争议的要素，确保其透明性和强制性。

#### 3.1.1.2 碳排放核算、报告与核查制度建设

真实、全面、准确的碳排放数据是碳排放权交易发挥温室气体排放总量控制

作用的基础，是合理分配配额、完成碳排放权履约的前提条件。而数据的真实性和可靠性需要完备的核算、报告与核查制度的保障，因此碳排放核算、报告与核查制度是全国碳排放权交易的基础制度，是全国碳排放权交易建设的重中之重。核算、报告与核查制度应涵盖碳排放监测、核算、报告与核查相关主体的确定，有关工作的标准程序和工作边界，监督管理措施，等等。2013—2015 年，全国碳排放交易体系已经出台了 24 个行业的温室气体排放核算和报告指南。下一步，全国碳排放交易体系还将出台相关实施细则，对碳排放核查机构和核查工作进行规范管理。

#### 3.1.1.3 重点排放单位配额管理制度建设

配额管理制度建设主要包括配额分配、配额注册登记管理和配额履约管理等制度建设，是全国碳排放权交易的核心制度。配额分配是重点排放单位碳资产认定和碳排放权确权的过程，配额注册登记管理是实现对配额确权、签发、流转和履约的跟踪记录与管理，配额履约管理是管理、监督重点排放单位按时完成碳排放配额的清缴。配额管理制度决定了配额的稀缺性，直接决定了碳排放权交易配额供需情况和碳排放权交易价格，决定了碳排放权交易控制温室气体排放总量的有效性和成效。

国家发展和改革委员会颁布的《碳排放权交易管理暂行办法》确定了国家和地方两级配额管理模式。国务院生态环境主管部门负责制定国家配额分配方案，明确各省、自治区、直辖市免费分配的配额数量、国家预留的配额数量等；地方生态环境主管部门根据配额分配方法，可提出本行政区域内重点排放单位的免费分配配额数量，报国务院生态环境主管部门确定后，向本行政区域内的重点排放单位免费分配配额。

2014 年以来，国家主管部门组织相关研究单位对全国碳排放权交易重点排放单位配额分配方法开展研究。全国碳排放权交易采取了有效果、有效率、透明、公正、适用的分配原则，涵盖了化石燃料燃烧造成的直接排放、工业生产过程排放和因消费电力、热力导致的间接排放。在配额分配中致力于避免受经济产出波动的影响，避免地方保护主义，避免影响产业竞争力，避免配额分配过多的事后调整，特别是避免一个企业一个分配方法或参数。

就碳排放权履约而言，重点排放单位必须采取有效措施控制碳排放，并按实际排放清缴配额。省级生态环境主管部门负责监督配额清缴，对逾期或不足额清缴的重点排放单位依法依规予以处罚，并将相关信息纳入全国信用信息共享平台实施联合惩戒。

#### 3.1.1.4 市场交易相关制度建设

市场交易相关制度建设主要包括排放数据报告与核查、配额分配、注册登记系统管理、配额清缴、履约执法、核查机构、碳排放权交易平台、碳排放权交易与碳金融等的管理与监督等制度的建设。按照国务院职责分工，在生态环境部牵头下，各部委坚持按照“责权对等、依法监管、公平公正、监管制衡”的原则开展碳排放权交易相关制度建设工作，特别是要注重逐渐建立健全上述制度的政策法规体系，建立健全与市场交易相关的管理和监督机构、工作机制，理顺监管关系，依法实施监管。

### 3.1.2 碳数据管理的有关法规

2024年1月，国务院发布国务院令第775号，公布**《碳排放权交易管理暂行条例》**（以下简称《条例》），自2024年5月1日起施行，旨在总结实践经验，坚持全流程管理，重在构建基本制度框架，保障碳排放权交易政策功能的发挥。《条例》立法层级为“行政法规”，高于《碳排放权交易管理办法（试行）》的立法层级“部门规章”，将成为碳交易相关规章等的制定依据及纲领，成为我国碳交易纲领文件。

#### 3.1.2.1 政策出台背景

碳排放权交易是通过市场机制控制和减少二氧化碳等温室气体排放、助力积极稳妥推进碳达峰碳中和的重要政策工具。近年来，我国碳排放权交易市场建设稳步推进。2011年10月在北京、天津、上海、重庆、广东、湖北、深圳等地启动地方碳排放权交易市场试点工作，2017年12月启动全国碳排放权交易市场建设，2021年7月全国碳排放权交易市场正式上线交易。上线交易以来，全国碳排放权交易市场运行整体平稳，年均覆盖二氧化碳排放量约51亿吨，占全国总排放量的比例超过40%。截至2023年底，全国碳排放权交易市场共纳入2257家发电企业，累计成交量约4.4亿吨，成交额约249亿元，碳排放权交易的政策效应初步显现。与此同时，全国碳排放权交易市场制度建设方面的短板日益明显。此前我国还没有关于碳排放权交易管理的法律、行政法规，全国碳排放权交易市场运行管理依据国务院有关部门的规章、文件执行，立法位阶较低，权威性不足，难以满足规范交易活动、保障数据质量、惩处违法行为等实际需要，亟须制定专门行政法规，为全国碳排放权交易市场运行管理提供明确法律依据，保障和促进其健康发展。党的二十大报告明确提出健全碳排放权市场交易制度。制定《条例》是落实党的二十大精神的具体举措，也是我国碳排放权交易市场建设发展的客观需要。

制定专门行政法规，为全国碳排放权交易市场运行管理提供明确法律依据，对保障和促进其健康发展，具有重要意义。《条例》的出台对碳排放权交易市场的覆盖范围、重点排放单位的确定、配额的分配、碳排放数据质量的监管、配额的清缴以及交易运行等机制作出统一规定。

#### 3.1.2.2 基本制度框架

《条例》从以下六个方面构建了碳排放权交易管理的基本制度框架。

一是注册登记机构和交易机构的法律地位和职责。全国碳排放权注册登记机构负责碳排放权交易产品登记，提供交易结算等服务，全国碳排放权交易机构负责组织开展碳排放权集中统一交易。

二是碳排放权交易覆盖范围以及交易产品、交易主体和交易方式。国务院生态环境主管部门会同有关部门研究提出碳排放权交易覆盖的温室气体种类（目前为二氧化碳）和行业范围，报国务院批准后实施；碳排放权交易产品包括碳排放配额和经批准的其他现货交易产品，交易主体包括重点排放单位和符合规定的其他主体，交易方式包括协议转让、单向竞价或者符合规定的其他方式。

三是重点排放单位确定。国务院生态环境主管部门会同有关部门制定重点排放单位确定条件，省级政府生态环境主管部门会同有关部门据此制定年度重点排放单位名录。

四是碳排放配额分配。国务院生态环境主管部门会同有关部门制定年度碳排放配额总量和分配方案，省级政府生态环境主管部门会同有关部门据此向重点排放单位发放配额。

五是排放报告编制与核查。重点排放单位应当编制年度温室气体排放报告，省级政府生态环境主管部门对报告进行核查并确认实际排放量。

六是碳排放配额清缴和市场交易。重点排放单位应当根据核查结果足额清缴其碳排放配额，并可通过全国碳排放权交易市场购买或者出售碳排放配额，所购碳排放配额可用于清缴。

#### 3.1.2.3 在防范和惩处碳排放数据造假行为方面的规定

排放数据真实是碳排放权交易正常进行和发挥政策功能的基本前提。在防范和惩处碳排放数据造假行为方面，《条例》主要从以下四个方面作了规定。

一是强化重点排放单位主体责任。要求重点排放单位制定并严格执行排放数据质量控制方案，如实准确统计核算本单位温室气体排放量、编制年度排放报告并对报告的真实性、完整性、准确性负责，按规定向社会公开信息并保存原始记录和管理台账。

二是加强对技术服务机构的管理。受委托开展温室气体排放相关检验检测的技术服务机构应当遵守国家有关技术规程和技术规范要求，对出具的检验检测报告承担相应责任，不得出具虚假报告；受委托编制年度排放报告、对年度排放报告进行技术审核的技术服务机构应当具备国家规定的设施设备、技术能力和技术人员，建立业务质量管理制度，独立、客观、公正开展相关业务，对出具的年度排放报告和技术审核意见承担相应责任，不得篡改、伪造数据资料，不得使用虚假的数据资料或者实施其他弄虚作假行为；技术服务机构在同一省、自治区、直辖市范围内不得同时从事年度排放报告编制和技术审核业务。

三是强化监督检查。规定生态环境主管部门和其他负有监督管理职责的部门可以对重点排放单位、技术服务机构进行现场检查，明确现场检查可以采取的措施，并要求被检查者如实反映情况、提供资料，不得拒绝、阻碍。

四是加大处罚力度。对在温室气体排放相关检验检测、年度排放报告编制和技术审核中弄虚作假的，规定了罚款、责令停产整治、取消相关资质、禁止从事相应业务等严格的处罚，并建立信用记录制度。

#### 3.1.2.4 市场交易相关规定

(1) 交易产品和主体

《条例》对碳排放权交易的产品和主体进行了明确。第六条规定了碳排放权交易的产品，包括碳排放配额和经国务院批准的其他现货交易产品。碳排放权交易覆盖的温室气体种类和行业范围，由国务院生态环境主管部门会同国务院发展改革等有关部门根据国家温室气体排放控制目标研究提出，报国务院批准后实施。

第七条规定了碳排放权交易的主体，纳入全国碳排放权交易市场的温室气体重点排放单位以及符合国家有关规定的其他主体，可以参与碳排放权交易。生态环境主管部门、其他对碳排放权交易及相关活动负有监督管理职责的部门、全国碳排放权注册登记机构、全国碳排放权交易机构以及《条例》规定的技术服务机构的工作人员，不得参与碳排放权交易。

（2）交易方式的选择

《条例》第十五条规定，碳排放权交易可以采取协议转让、单向竞价或者符合国家有关规定的其他现货交易方式。

协议转让是指交易双方协商达成一致意见并确认成交的交易方式，包括挂牌协议交易及大宗协议交易。其中，挂牌协议交易是指交易主体通过交易系统提交卖出或者买入挂牌申报，意向受让方或者出让方对挂牌申报进行协商并确认成交的交易方式。大宗协议交易是指交易双方通过交易系统进行报价、询价并确认成交的交易方式。

单向竞价是指交易主体向交易机构提出卖出或买入申请，交易机构发布竞价公告，多个意向受让方或者出让方按照规定报价，在约定时间内通过交易系统成交的交易方式。

（3）交易的具体细则

《条例》明确了全国碳市场的主要思路和管理体系，但该条例属于框架性文件，具体的操作细则还需要未来发布配套文件进一步细化。

（4）交易的风险管理

《条例》第五条对交易的风险管理作出规定，指出全国碳排放权注册登记机构和全国碳排放权交易机构应当按照国家有关规定，完善相关业务规则，建立风险防控和信息披露制度。国务院生态环境主管部门会同国务院市场监督管理部门、中国人民银行和国务院银行业监督管理机构，对全国碳排放权注册登记机构和全国碳排放权交易机构进行监督管理，并加强信息共享和执法协作配合。碳排放权交易应当逐步纳入统一的公共资源交易平台体系。

（5）交易的结算方式

为规范全国碳排放权交易的结算活动，保护全国碳排放权交易市场各参与方的合法权益，维护全国碳排放权交易市场秩序，生态环境部办公厅 2021 年 5 月印发《碳排放权结算管理规则(试行)》，适用于全国碳排放权交易的结算监督管理。全国碳排放权注册登记机构、全国碳排放权交易机构、交易主体及其他相关参与方应当遵守该规则。

全国碳排放权注册登记机构负责全国碳排放权交易的统一结算，管理交易结算资金，防范结算风险。注册登记机构应当选择符合条件的商业银行作为结算银行，并在结算银行开立交易结算资金专用账户，用于存放各交易主体的交易资金和相关款项。注册登记机构对各交易主体存入交易结算资金专用账户的交易资金实行分账管理。注册登记机构与交易主体之间的业务资金往来，应当通过结算银行所开设的专用账户办理。

注册登记机构应与结算银行签订结算协议，依据中国人民银行等有关主管部门的规定和协议约定，保障各交易主体存入交易结算资金专用账户的交易资金安全。当日完成清算后，注册登记机构应当将结果反馈给交易机构。经双方确认无误后，注册登记机构根据清算结果完成碳排放配额和资金的交收。当日结算完成后，注册登记机构向交易主体发送结算数据。如遇到特殊情况导致注册登记机构不能在当日发送结算数据的，注册登记机构应及时通知相关交易主体，并采取限制出入金等风险管控措施。交易主体应当及时核对当日结算结果，对结算结果有异议的，应在下一交易日开市前，以书面形式向注册登记机构提出。交易主体在规定时间内没有对结算结果提出异议的，视作认可结算结果。

### 3.1.3 “两高”相关司法解释

2023 年 8 月 8 日，最高人民法院、最高人民检察院联合发布《关于办理环境污染刑事案件适用法律若干问题的解释》(以下简称《解释》)，自 2023 年 8 月 15 日起施行。《解释》根据《刑法》修改情况，针对司法实践中的新情况新问题，从司法环节发力，依法惩治环境污染犯罪，为全面推进美丽中国建设提供有力司法保障。这是 1997 年《刑法》施行以来最高司法机关就环境污染犯罪第四次出台专门司法解释。《解释》明确了环境数据造假行为的处理规则。《解释》贯彻《中华人民共和国刑法修正案（十一）》立法精神，对承担环境影响评价、环境监测、温室气体排放检验检测、排放报告编制或者核查等职责的中介组织的人员，实施提供虚假证明文件犯罪的定罪量刑标准作出明确规定。同时，针对实践突出问题，《解释》进一步完善了对破坏环境质量监测系统行为适用破坏计算机信息系统罪的处理规则，依法惩治环境领域数据造假行为，推动生态环境高水平保护，切实维护人民群众环境权益。

**“两高”对碳排放数据管理相关司法解释具体是什么？**

《解释》第十条规定，承担环境影响评价、环境监测、温室气体排放检验检测、排放报告编制或者核查等职责的中介组织的人员故意提供虚假证明文件，具有下列情形之一的，应当认定为《刑法》第二百二十九条第一款规定的“情节严重”：

（一）违法所得三十万元以上的；

（二）二年内曾因提供虚假证明文件受过二次以上行政处罚，又提供虚假证明文件的；

（三）其他情节严重的情形。

实施前款规定的行为，在涉及公共安全的重大工程、项目中提供虚假的环境影响评价等证明文件，致使公共财产、国家和人民利益遭受特别重大损失的，应当依照《刑法》第二百二十九条第一款的规定，处五年以上十年以下有期徒刑，并处罚金。

## 3.2 碳排放权交易的部门规章

生态环境部 2020 年 10 月 28 日发布《全国碳排放权交易管理办法（试行）》（征求意见稿）（以下简称《征求意见稿》）后迅速吸收反馈意见并进行了修改完善，于 2020 年 12 月 31 日正式出台**《碳排放权交易管理办法（试行）》**，成为继 12 月 29 日出台的《2019—2020 年全国碳排放权交易配额总量设定与分配实施方案（发电行业）》后又一份重要的全国碳市场顶层设计政策文件，完成了对国家发展改革委于 2014 年 12 月 10 日出台的《碳排放权交易管理暂行办法》（以下简称《暂行办法》）的替代，适应当前发展阶段，为从 2021 年 1 月 1 日开始的全国碳市场第一个履约周期的平稳顺利运行提供保障。依据《碳排放权交易管理办法（试行）》，主体碳市场又下设几项“细则”：《碳排放权登记管理规则（试行）》《碳排放权交易管理规则（试行）》《碳排放权结算管理规则（试行）》。

### 3.2.1 碳排放配额分配和登记

为进一步规范全国碳排放权登记活动，保护全国碳排放权交易市场各参与方合法权益，维护全国碳排放权交易市场秩序，生态环境部根据《碳排放权交易管理办法（试行）》，组织制定了《**碳排放权登记管理规则（试行）**》，于 2021 年 5 月印发，对碳排放配额的登记管理作出具体规定。

重点排放单位以及符合规定的机构和个人，是全国碳排放权登记主体。登记主体可以通过注册登记系统查询碳排放配额持有数量和持有状态等信息。注册登记机构根据生态环境部制定的碳排放配额分配方案和省级生态环境主管部门确定的配额分配结果，为登记主体办理初始分配登记。注册登记机构应当根据交易机构提供的成交结果办理交易登记，根据经省级生态环境主管部门确认的碳排放配额清缴结果办理清缴登记。重点排放单位可以使用符合生态环境部规定的国家核证自愿减排量抵消配额清缴。用于清缴部分的国家核证自愿减排量应当在国家温室气体自愿减排交易注册登记系统注销，并由重点排放单位向注册登记机构提交有关注销证明材料。注册登记机构核验相关材料后，按照生态环境部相关规定办理抵消登记。登记主体出于减少温室气体排放等公益目的自愿注销其所持有的碳排放配额，注册登记机构应当为其办理变更登记，并出具相关证明。碳排放配额以承继、强制执行等方式转让的，登记主体或者依法承继其权利义务的主体应当向注册登记机构提供有效的证明文件，注册登记机构审核后办理变更登记。

### 3.2.2 碳排放配额的排放交易

碳交易市场是碳排放权益进行交易的市场，交易标的主要为碳排放配额。碳配额主要针对高排放企业，政府根据其碳排放情况向其分配碳排放配额，盈余的碳排放配额可以作为商品在高排放企业间流通，实现碳排放配额的合理分配，激励高排放企业减排。《碳排放权交易管理办法（试行）》由生态环境部发布，定位于规范全国碳排放权交易及相关活动，规定了各级生态环境主管部门和市场参与主体的责任、权利和义务，以及全国碳市场运行的关键环节和工作要求。《碳排放权交易管理办法（试行）》规定了生态环境部组织建立全国碳排放权注册登记机构和全国碳排放权交易机构；组织建设全国碳排放权注册登记系统和全国碳排放权交易系统；制定碳排放配额总量确定与分配方案；制定全国碳排放权交易及相关活动的技术规范，加强对地方碳排放配额分配、温室气体排放报告与核查的监督管理，并会同国务院其他有关部门对全国碳排放权交易及相关活动进行监督管理和指导。

碳排放权交易和结算是全国碳市场运行的重要环节。为此，结合全国碳市场管理的实际需要，生态环境部根据《碳排放权交易管理办法（试行）》，组织制定了**《碳排放权交易管理规则（试行）》和《碳排放权结算管理规则（试行）》**，进一步规范了全国碳排放权交易、结算活动，保护全国碳排放权交易市场各参与方合法权益。

《碳排放权交易管理规则（试行）》明确碳排放配额交易以“每吨二氧化碳当量价格”为计价单位，买卖申报量的最小变动计量为1t二氧化碳当量，申报价格的最小变动计量为0.01元人民币。全国碳排放权交易主体包括重点排放单位以及符合国家有关交易规则的机构和个人。规定碳排放权交易应当通过全国碳排放权交易系统进行，可以采取协议转让、单向竞价或者其他符合规定的方式。交易主体申报卖出交易产品的数量，不得超出其交易账户内可交易数量；申报买入交易产品的相应资金，不得超出其交易账户内的可用资金。碳排放配额买卖的申报被交易系统接受后即刻生效，并在当日交易时间内有效，交易主体交易账户内相应的资金和交易产品即被锁定。未成交的买卖申报可以撤销，如未撤销，未成交申报在该日交易结束后自动失效。已买入的交易产品当日内不得再次卖出，卖出交易产品的资金可以用于该交易日内的交易。交易机构应当妥善保存交易相关的原始凭证及有关文件和资料，保存期限不得少于20年。

部分碳交易市场的交易标的还包括国家核证自愿减排量（CCER）。CCER主要针对低排放企业，低碳企业通过向有关部门提交自愿减排项目，并对减排效果进行量化核证，获得CCER。在配额市场和自愿减排量市场的联动下，CCER也可以作为碳市场的交易标的，控排企业可在碳市场直接购买CCER用于抵消碳配额。CCER作为全国碳市场重要的补充机制，是碳市场不可缺少的组成部分。近期随着各项实施细则陆续公开，框架与脉络已经非常清楚。生态环境部此前公开发布了《温室气体自愿减排交易管理办法（试行）》，让我国温室气体核证自愿减排的重启又前进了一步，该文件是CCER的顶层规则。2023年10月24日，生态环境部首批公布了CCER的四项方法学，随后，国家气候战略中心确定为CCER注册登记机构，北京绿色交易所作为CCER交易机构；2023年11月16日，国家气候战略中心公布了《温室气体自愿减排注册登记规则（试行）》《温室气体自愿减排项目设计与实施指南》，北京绿色交易所有限公司公布了《温室气体自愿减排交易和结算规则（试行）》；2023年12月25日，市场监管总局公布了《温室气体自愿减排项目审定与减排量核查实施规则》。至此，CCER全面重启的条件已经具备，碳排放权交易管理制度体系日趋完善。

### 3.2.3 碳排放核查与配额清缴

碳排放核查指相关机构根据约定的核查准则对温室气体进行系统独立的评价，并形成文件的过程。对碳交易体系而言，准确、及时并一致的温室气体排放数据便于重点排放单位提交准确的排放数据报告，同时便于碳交易主管部门审定或确认重点排放单位上一年度的实际碳排放量，经确认的上一年度重点排放单位的实际碳排放量即为重点排放单位配额清缴的依据。

碳排放核查旨在保证重点排放单位编制的碳排放报告符合核算指南的要求，同时保障碳排放报告的可靠性和客观性。之前我国各个试点地区均要求重点排放单位的年度碳排放报告应经核查机构核查，同时要求核查机构应当按照各个试点地区公布的核查指南或规范开展核查工作。主管部门应对一定数量的重点排放单位提交的碳排放报告以及核查机构出具的核查报告进行抽查或复查。重点排放单位对核查结果或复查结果有异议的，可根据相应的行政程序寻求复议。

2023 年 7 月 14 日，生态环境部发布了《关于全国碳排放权交易市场 2021、2022 年度碳排放配额清缴相关工作的通知》，规定在清缴阶段，省级生态环境主管部门委托全国碳排放权注册登记机构对重点排放单位配额进行强制履约（优先使用当年度配额，剩余部分优先用于另一年度的强制履约），完成履约后剩余部分配额发放至重点排放单位账户，未足额完成履约的应及时督促重点排放单位补足差额、完成履约。对全部排放设施关停或淘汰后不再存续的重点排放单位（以营业执照注销为准），不发放配额，不参与全国碳市场履约；组织有意愿使用 CCER 抵消碳排放配额清缴的重点排放单位抓紧开立账户，尽快完成 CCER 购买并申请抵消，抵消比例不超过对应年度应清缴配额量的 5%。对第一个履约周期出于履约目的已注销但实际未用于抵消清缴的 CCER，由重点排放单位申请，可用于抵消 2021、2022 年度配额清缴。

### 3.2.4 碳排放交易的监督管理

《碳排放权交易管理办法（试行）》明确了有关全国碳市场的各项定义，对重点排放单位纳入标准、配额总量设定与分配、交易主体、核查方式、报告与信息披露、监管和违约惩罚等方面进行了全面规定。

#### 3.2.4.1 《碳排放权交易管理办法（试行）》是全国碳市场稳定运行的基础

《碳排放权交易管理办法（试行）》的出台标志着全国碳市场启动所需的必要

条件已经具备。作为部门规章的《碳排放权交易管理办法（试行）》可以指导全国碳市场建设工作，对全国碳市场进行交易的各项准备工作作出部署，保障交易活动顺利开展，从而有效促进全国碳市场建设与运行各项工作的推进。

《碳排放权交易管理办法（试行）》明确了碳排放权和 CCER 的定义，对 CCER 的定义相比《暂行办法》和《征求意见稿》均进行了细化，明确了 CCER 指标来源是可再生能源、林业碳汇和甲烷利用等项目，并最终将抵消比例确定为不超过应清缴配额的 5%，且必须来自全国碳市场配额管理的减排项目之外，从而对相关低碳减排项目建设发展起到激励作用的同时仍然将减排的最主要责任落实到企业自身，促使企业通过技术进步等手段实现减排与高质量发展。这一表述同时消除了《征求意见稿》中要求 CCER 来自全国碳市场“重点排放单位组织边界范围外”带来的定义模糊问题。

对于重点排放单位的纳入标准，《碳排放权交易管理办法（试行）》删除了“约 1 万吨标准煤”的相关表述，只保留“2.6 万吨二氧化碳当量”单一标准避免歧义，同时也明确了两年碳排放不足 2.6 万吨二氧化碳当量的企业和由于不再从事生产经营活动而不再排放温室气体的企业将由省级主管部门移出重点排放单位名录，对此前尚未明确的退出机制作出规定，提高配额利用效率和市场有效性。

《碳排放权交易管理办法（试行）》明确了参加全国碳市场的重点排放单位不再重复参与试点碳市场，并由《2019—2020 年全国碳排放权交易配额总量设定与分配实施方案（发电行业）》对当前过渡期的处理方式进行了详细说明，即地方试点碳市场已完成 2019 年和 2020 年配额分配的，相应获得试点碳市场配额的全国碳市场重点排放单位暂不参加全国碳市场相应年度的配额分配和清缴，此后试点碳市场不再向全国碳市场中的重点排放单位发放配额。该处理方式有助于全国碳市场减少争议且更顺利地启动。

#### 3.2.4.2 确立国家、省、市三级监管体系

《碳排放权交易管理办法（试行）》在《征求意见稿》确定的国家指导、省级组织、市级配合落实的三级监管体系的基础上对细节内容进行了一定修改，与《暂行办法》所规定的国家与省构成的两级监管体系存在较大差别。《碳排放权交易管理办法（试行）》的三级监管体系更新并细化了各级主管部门的责任，要求生态环境部负责建设全国碳市场并制定配额管理政策、报告与核查政策及各类技术规范，省级生态环境主管部门组织排放配额分配与清缴、排放报告与核查等工

作，新增了市级主管部门“落实相关具体工作”的责任；由省、市级主管部门共同完成监督检查配额清缴情况和对违约主体的惩罚，由省级主管部门与生态环境部共同完成信息公开。

《碳排放权交易管理办法（试行）》更强调全国统一规划，省级主管部门的自主权相比此前受到限制。《暂行办法》中规定的省级主管部门制定地方配额分配标准、有偿分配剩余配额和将收益用于地方减排及能力建设的职能在《碳排放权交易管理办法（试行）》中不再存在，改为由生态环境部完成各项规划，省级主管部门主要负责组织实施。

三级监管体系重视市级主管部门的作用，有利于发挥市级主管部门对本市内各项业务更为熟悉的优势，同时与2020年3月出台的《关于构建现代环境治理体系的指导意见》中建立“中央统筹、省负总责、市县抓落实”的环境治理领导责任体系的要求相符，可以有效促进全国碳排放权交易相关工作更好开展。

#### 3.2.4.3 促进落实“企业自证”原则

《碳排放权交易管理办法（试行）》要求企业每年编制温室气体排放报告，载明排放量，并对数据的真实性、完整性与准确性负责，且须定期公开排放报告，体现了对“企业自证”原则的重视。同时，《碳排放权交易管理办法（试行）》也对核查方式和核查责任主体做出较大修改。

《暂行办法》规定由核查机构进行核查，而由省级主管部门对部分重点排放单位进行复查。《碳排放权交易管理办法（试行）》不再要求大规模复查，仅在对核查结果有异议的重点排放单位提出申请后进行复核，且将核查责任主体明确为省级主管部门，只保留政府购买服务的形式与核查机构开展合作，对核查工作更为重视。另一方面，《暂行办法》规定了对所有重点排放单位进行全数核查。此次《碳排放权交易管理办法（试行）》仅规定由省级生态环境主管部门负责组织开展核查，并未规定具体的核查方式与数量、比例等，具体的核查方式由2021年3月26日发布的《企业温室气体排放报告核查指南（试行）》确定。

《碳排放权交易管理办法（试行）》明确了惩罚措施，对未按时足额清缴配额等违规行为的罚款最多为三万元，并对虚报、瞒报和逾期未改正的欠缴部分在下一年度的配额分配中实行等量核减。由于部门规章的限制，更大的惩罚力度需要《条例》出台后才能实现。同时，《暂行办法》和《征求意见稿》中的“联合惩戒”相关内容被删除，《碳排放权交易管理办法（试行）》未对向工商、税务、金融等管理部门通报有关情况，并予以公告的相关措施作出规定，可能导致惩罚力度不足。相关规定可能需要各部门联合推出后续规章制度来完善。

#### 3.2.4.4 配额分配管理制度尚待细化

《碳排放权交易管理办法（试行）》的配额分配制度相比此前的规定更为保守，仅规定以免费分配为主，并将适时引入有偿分配。此前《暂行办法》规定国家主管部门可预留一定配额，用于有偿分配、市场调节、重大建设项目等。有偿分配所取得的收益用于促进国家减碳以及相关的能力建设。《征求意见稿》在此基础上提出要逐步提高有偿分配的比例，但对有偿分配的收入实行收支两条线，纳入财政管理。《碳排放权交易管理办法（试行）》删除了预留配额的相关表述，且未对有偿分配的比例与收益用途用法作任何规定，也未提及市场调节的有关措施。

另一方面，为加快碳达峰、碳中和目标的实现，《碳排放权交易管理办法（试行）》鼓励交易主体自愿注销其所有的排放配额。这一规定与欧盟碳市场的注销规定类似，欧盟碳市场同样允许配额持有者自愿注销，但值得注意的是，欧盟碳市场可以通过市场稳定储备机制（MSR）来实现制度化的大规模配额注销，其力度远大于市场参与主体的自愿注销。我国由于还处在碳排放上升阶段，因此需要结合实际需求，综合考虑多种措施，推出制度化控制配额数量的方法。此外，此前《暂行办法》规定可以注销配额和国家核证自愿减排量，未来全国碳市场中是否可以注销国家核证自愿减排量也需要后续相关规定作补充。

总体而言，《碳排放权交易管理办法（试行）》缺乏对配额数量进行制度化调节的细致规定，需要出台相关细则以进一步明确有关有偿分配、预留配额以及市场调节的规定。

#### 3.2.4.5 系统建设工作仍需尽快推进

《碳排放权交易管理办法（试行）》明确了全国碳排放权注册登记系统和全国碳排放权交易系统是支撑全国碳市场的同等重要的两大系统，其建设均由生态环境部负责，解决了《暂行办法》未对交易系统下明确定义的问题，同时对两大系统的职能做了清晰界定。

另外，《碳排放权交易管理办法（试行）》删除了数据报送系统的相关内容。《征求意见稿》规定了环境信息管理平台是重点排放单位向省级主管部门主动报告以纳入全国碳市场管理的渠道，也是实现碳排放数据与排放报告报送和监测计划备案的工具，并在《征求意见稿》的编制说明中将这一平台进一步确认为已于2017年1月1日上线运行的“全国排污许可证管理信息平台”。《碳排放权交易管理办法（试行）》删除了相关表述，纳入重点排放单位名录的方式也变成了由省级生态环境主管部门按生态环境部的有关规定直接确定本行政区域内的单位名录，不再需要相关单位主动报告。未来是否需要通过某一信息管理平台实现数据报送、数据分析、监测计划备案以及连接能源、统计、电网、民航等外部数据库以进行排放数据校验等功能，同时促进实现碳排放与大气污染物排放协同控制，还需要出台相关细则以进一步确认。

## 3.3 技术规范性文件

### 3.3.1 碳排放权交易市场数据质量监督管理

企业碳排放数据质量是全国碳排放管理以及碳市场健康发展的重要基础，是维护市场信用信心和国家政策公信力的底线和生命线，生态环境部办公厅于2021年10月23日发布的**《关于做好全国碳排放权交易市场数据质量监督管理相关工作的通知》**中要求迅速开展数据质量自查工作，特别是发电行业重点排放单位碳排放核算报告有关重要环节。

重点核实燃料消耗量、燃煤热值、元素碳含量等实测参数在采样、制样、送样、化验检测、核算等环节的规范性和检测报告的真实性，供电量、供热量、供热比等相关参数的真实性、准确性，重点排放单位生产经营、排放报告与现场实际情况的一致性，有关原始材料、煤样等保存时限是否合规等。通过多源数据比对，识别异常数据并进一步核验确认。对已发现存在违规情况的咨询机构、检验检测机构，应将其业务范围内的各有关重点排放单位作为核实工作重点，并向社会公开咨询机构、检验检测机构名单和核实结果。核查技术服务机构的公正性、规范性、科学性。可通过核查技术服务机构自查、省级生态环境主管部门抽查等方式，依据《企业温室气体排放报告核查指南（试行）》对核查技术服务机构内部管理情况、公正性管理措施、工作及时性和工作质量等进行评估。省级生态环境主管部门对核查技术服务机构的评估结果在省级生态环境主管部门网站、环境信息平台（全国排污许可证管理信息平台）向社会公开。建立碳市场排放数据质量管理长效机制。成立以主要负责同志为组长的工作专班。建立定期核实和随机抽查工作机制，加强对发电行业重点排放单位、核查技术服务机构、咨询机构、检验检测机构监督管理。发现有关数据虚报、瞒报的，在相应年度履约量与配额核定工作中予以调整，如在履约清缴工作完成后发现问题，在下一年度配额核定工作中予以核减，同时依法予以处罚，有关情况及时向社会公开。

### 3.3.2 企业温室气体排放报告的核查与管理

2021年3月26日，生态环境部印发了**《企业温室气体排放报告核查指南（试行）》（环办气候函〔2021〕130号）**，该指南是为了进一步规范全国碳排放权交易市场企业温室气体排放报告核查活动，为碳排放交易市场健康公平运行奠定基础，为实现碳达峰、碳中和目标提供重要的制度支撑和数据基础，体现了应对气候变化与生态环境保护工作在管理制度、监测与执法监管等领域的统筹融合。

该指南适用于省级生态环境主管部门组织对重点排放单位报告的温室气体排放量及相关数据的核查，规范了全国碳排放权交易市场企业温室气体排放报告核查活动，规定了核查的程序、内容和要求等，为核查工作提供了具体的指导。核查程序包括核查安排、建立核查技术工作组、文件评审、建立现场核查组、实施现场核查、出具核查结论、告知核查结果、保存核查记录等八个步骤。核查工作可由省级生态环境主管部门及其直属机构承担，也可通过政府购买服务的方式委托技术服务机构承担，技术服务机构需建立有效机制确保公平公正等。

对企业（重点排放单位）明确了数据报送和管理的规范要求，企业必须重视温室气体排放数据的真实性、准确性和完整性，包括建立和完善数据质量控制计划、原始记录和台账等。不遵守数据质量控制计划相关要求可能面临“保守性估算”进而影响配额分配。现场核查等程序促使企业提升自身碳排放管理水平和设施设备的规范程度等。对核查机构（技术服务机构）明确了其在核查工作中的责任和义务，建立有效的风险防范机制、完善的内部质量管理体系和适当的公正性保证措施。明确了禁止开展的活动，如向重点排放单位提供碳排放配额计算等多种可能影响公正性的服务。对政府部门（省级生态环境主管部门等）为其组织开展核查工作提供了详细的流程和方法指南，便于统一管理和监督。推动政府部门加强对碳排放相关领域的监管力度和执法能力建设，公开透明的要求等促使政府部门提升管理水平和公信力。

生态环境部于2022年12月19日发布**《企业温室气体排放核算与报告指南　发电设施》《企业温室气体排放核查技术指南　发电设施》**，以问题为导向，重点解决以下几方面问题：一是企业普遍反映的核算方法复杂、部分参数的数据来源多样等问题；二是技术指南超范围提出管理要求的问题；三是地方生态环境部门反映的核算技术链条过长、部分企业数据质量控制计划的作用未能有效发挥、核算口径和数据获取方式有待规范等问题；四是部分企业碳排放关键参数管理不到位、信息化存证不及时、存证材料不齐全不完整，难以支撑数据溯源和自证的问题；五是地方生态环境部门反馈非常规燃煤机组数量多、排放量小、管理水平不高，造成监管难度大等问题。

《企业温室气体排放核算与报告指南　发电设施》修订的主要内容可以概括为“两简化、两完善、三增加”。

（1）“两简化”的具体内容

一是将计算方法复杂的供电量替换为直接读表的发电量；二是压缩核算技术参数链条，将供热比等 5 个参数改为报告项。

供电量不是直接计量数据，需要通过生产厂用电量和供热比等计算得到，而且涉及一系列次级参数，难以准确核算。该指南将供电量替换为可直接计量的发电量，实现数据可溯源、可核准。

此前的碳排放核算技术参数链条过长，部分参数追溯难、企业自证难、地方生态环境部门核查和监管难，为保障碳排放数据质量，该指南将碳排放报告核查涉及的公式进行了大幅简化和优化，从 27 个减少至 12 个。部分非必需参数也从“重点参数”降级为“辅助参数”，不再纳入核查工作范围。以“供热比”这个参数为例，该参数是全国碳市场配额分配需要使用的参数，不涉及碳排放量的计算。从数据质量管理的角度看，供热比需要通过追溯获取蒸汽、热水流量、温度、压力、焓值等多项参数，并进行复杂计算后获得，难以做到可报告、可追溯、可核查。

（2）“两完善”的具体内容

一是进一步完善数据质量控制计划内容；二是进一步完善信息化存证的管理要求。

数据质量控制计划是企业强化自身数据质量管理的重要抓手和依据，是将碳排放核算与报告技术指南的相关要求落实为本企业碳排放管理举措的重要操作手册，有助于企业规范碳排放相关参数的获取、避免企业核算与报告的随意性、提升企业内部管理水平。该指南对数据内部质量控制和质量保证相关规定作出了进一步明确，比如应增加煤样的采样、制样方案与记录，要求企业在制定计划的阶段明确机组的合并与拆分填报等内容。

为进一步聚焦碳排放数据质量管理，该指南专门提出了对碳排放量、配额影响较大的燃料消耗量、低位发热量、元素碳含量、购入使用电量、发电量、供热量、运行小时数和负荷（出力）系数等8个重点参数，将纳入下一步日常监管和年度核查工作重点。同时，为保障上述重点参数质量，提出了供热比、供热煤（气）耗、发电煤（气）耗、供热碳排放强度、发电碳排放强度、上网电量、煤种、煤炭购入量和煤炭来源（产地、煤矿名称）等9个“仅报告、不核查”的辅助参数，用于识别重点参数的异常。其中，煤种、煤炭购入量和煤炭来源等3个参数是新增的内容，生态环境部相关负责人表示将预留一定的政策缓冲期，指导和帮助企业进一步规范和完善内部数据管理。

（3）“三增加”的具体内容

分别是增加上网电量作为报告项、新增生物质掺烧热量占比计算方法、新增非常规燃煤机组单位热值含碳量缺省值。

上网电量可直接读取和用于财务结算，更加准确可信。但由于部分重点排放单位不能实现分机组的上网电量单独计量，目前与配额分配方案中以机组为主体分配配额的要求尚无法完全衔接，因此该指南将上网电量仅作为报告项，用于支持日常监管和数据的交叉验证。

从发展趋势来看，燃煤机组掺烧生物质、生活垃圾和污泥已成为发电行业普遍现象。但根据报送数据统计，仅有少量小规模掺烧机组纳入全国碳市场配额管理。这些掺烧机组的单机容量集中在72MW以下、以非常规燃煤机组和小机组为主，报告的总排放量也不高。该指南参考地方实践工作经验，新增生物质掺烧热量占比的简化计算方法，无须获取复杂的生物质热值参数，只需从燃料总热量中扣减燃煤热量即可得到生物质热量。

非常规燃煤机组在推动非常规燃煤资源综合利用、降碳减污协同等方面发挥重要作用，并具有机组数量多、碳排放量占比低等特点，给出更接近同类型机组实际水平的单位热值含碳量缺省值很有必要。此外，地方监管实践反馈，非常规燃煤机组技术和管理能力有限，对其开展燃煤元素碳含量实测的难度相对较大。为此，对非常规燃煤机组的2万多份煤质分析报告进行了分析，在此基础上针对非常规燃煤机组给出了更接近实际值、更科学合理的单位热值含碳量缺省值。这样既简化了非常规燃煤机组碳排放核算环节，减轻了企业技术和管理压力，也减少了相关参数实测的监管盲点，提升了碳排放数据质量。

生态环境部于2023年10月14日发布了**《关于做好2023—2025年部分重点**

**行业企业温室气体排放报告与核查工作的通知》（环办气候函〔2023〕332号）**，明确了 2023—2025 年石化、化工、建材、钢铁、有色、造纸、民航等重点行业企业温室气体排放报告与核查有关重点工作要求。

重点行业企业温室气体排放报告与核查工作包括确定报告与核查工作范围、组织报送年度温室气体排放报告、组织开展温室气体排放报告的核查等工作任务，同时提出了加强组织领导、落实工作经费保障、加强能力建设等保障措施。省级生态环境部门需组织开展相关工作，将重点行业企业名单录入全国碳市场管理平台，并组织企业编制和报送排放报告，参照相关要求开展核查工作，并通过管理平台填写核查报告等。

该通知在总体延续往年数据报送要求的基础上，结合全国碳排放权交易市场建设的新要求，重点围绕三方面进行更新。一是基于行业未来纳入全国碳排放权交易市场的碳排放配额分配要求，针对水泥、铝冶炼、钢铁行业，完善设施（工序/生产线）层级排放核算与报告填报说明；二是修订了行业碳排放补充数据核算报告模板；三是优化并统一规范了企业层级净购入电量和设施层级消耗电量对应的排放量核算要求。

考虑到未来非电行业纳入全国碳排放权交易市场后，有必要合理确定间接排放量核算方法。规定直供重点行业企业使用且未并入市政电网、企业自发自用（包括并网不上网和余电上网的情况）电量中的非化石能源电量对应的排放量按 0 计算。通过市场化交易购入使用非化石能源电力的企业，需单独报告该部分电力消费量且提供相关证明材料（包括《绿色电力消费凭证》或直供电力的交易、结算证明，不包括绿色电力证书）。未纳入全国碳排放权交易市场之前，通过市场化交易购入使用非化石能源电力对应的排放量暂时按照全国电网平均碳排放因子进行计算。后续将结合全国碳排放权交易市场总体要求进行规定。

### 3.3.3 重点行业建设项目碳排放的环评试点

2021 年 7 月 21 日，生态环境部办公厅发布了**《关于开展重点行业建设项目碳排放环境影响评价试点的通知》（环办环评函〔2021〕346 号）**，组织在河北、吉林、浙江、山东、广东、重庆、陕西等地开展重点行业建设项目碳排放环境影响评价试点。

碳排放环境影响评价试点行业为电力、钢铁、建材、有色、石化和化工等重点行业，试点地区可根据各地实际选取试点行业和建设项目。除上述重点行业外，试点地区还可根据本地碳排放源构成特点，结合地区碳达峰行动方案和路径安排，同步开展其他碳排放强度高的行业试点。

（1）建立方法体系

根据试点地区重点行业碳排放特点，因地制宜开展建设项目碳排放环境影响评价技术体系建设。研究制定基于碳排放节点的建设项目能源活动、工艺过程碳排放量测算方法；加快摸清试点行业碳排放水平与减排潜力现状，建立试点行业碳排放水平评价标准和方法；研究构建减污降碳措施比选方法与评价标准。

（2）测算碳排放水平

开展建设项目全过程分析，识别碳排放节点，重点预测碳排放主要工序或节点排放水平。内容包括核算建设项目生产运行阶段能源活动与工艺过程以及因使用外购的电力和热力导致的二氧化碳产生量、排放量，碳排放绩效情况，以及碳减排潜力分析，等等。

（3）提出碳减排措施

根据碳排放水平测算结果，分别从能源利用、原料使用、工艺优化、节能降碳技术、运输方式等方面提出碳减排措施。在环境影响报告书中明确碳排放主要工序的生产工艺、生产设施规模、资源能源消耗及综合利用情况、能效标准、节能降耗技术、减污降碳协同技术、清洁运输方式等内容，提出能源消费替代要求、碳排放量削减方案。

（4）完善环评管理要求

地方生态环境部门应按照相关环境保护法律法规、标准、技术规范等要求审批试点建设项目环评文件，明确减污降碳措施、自行监测、管理台账要求，落实地方政府煤炭总量控制、碳排放量削减替代等要求。

例如，陕西省开展的是煤化工碳评价试点工作，以中煤榆林煤炭深加工基地和陕煤 1500 万吨每年煤炭分质清洁高效转化示范等项目为重点试点项目；浙江省在全省范围内的钢铁、火电、建材、化工、石化、有色、造纸、印染、化纤等九大重点行业开展了相关试点工作。

这些试点旨在建立重点行业建设项目碳排放环境影响评价的工作机制，基本摸清重点行业碳排放水平和减排潜力，探索形成建设项目污染物和碳排放协同管控评价技术方法，打通污染源与碳排放管理统筹融合路径，从源头实现减污降碳协同作用。

### 3.3.4 产业园区规划环评中碳排放评价试点

生态环境部办公厅于2021年10月17日印发了**《关于在产业园区规划环评中开展碳排放评价试点的通知》（环办环评函〔2021〕471号）**。该通知包含了工作目标、试点对象、工作任务、保障措施等内容。通知指出，试点工作的目标是坚持以生态环境质量改善为核心，落实减污降碳协同增效目标要求，按照《规划环境影响评价技术导则　产业园区》，探索在产业园区规划环评中开展碳排放评价的技术方法和工作路径，推动形成将气候变化因素纳入环境管理的机制，助力区域产业绿色转型和高质量发展，并通过试点工作形成一批可复制、可推广的案例经验，为碳排放评价纳入环评体系提供工作基础。

试点对象为具备碳排放评价工作基础的国家级和省级产业园区，优先选择涉及碳排放重点行业或正在开展规划环评工作的产业园区。该通知还明确了三项工作任务，即探索规划环评中开展碳排放评价的技术方法、完善将碳排放评价纳入规划环评的环境管理机制、形成一批可复制可推广的案例经验。同时提出了三项保障措施，包括做好组织实施、强化能力建设、加强宣传引导。

此外，部分地区也根据该通知以及当地实际情况，制定了进一步优化和加强环境影响评价服务保障高质量发展的相关措施。例如，宁夏回族自治区生态环境厅于2024年4月30日印发的《进一步优化和加强环境影响评价服务保障高质量发展的若干措施》中提出，要在《规划环境影响评价技术导则　产业园区》的基础上，结合《产业园区规划环评中开展碳排放评价试点工作要点》编制碳排放评价章节，探索开展产业园区碳排放环境影响评价；在电力、钢铁、建材、有色、石化、化工等重点行业新改扩建项目中，参照《重点行业建设项目碳排放环境影响评价试点技术指南（试行）》开展碳排放环境影响评价工作。

## 思考题

（1）碳排放数据管理的相关法律和法规是什么？

（2）哪些重点排放单位可以参与全国碳排放权交易？

（3）全国碳市场的交易产品是什么？

（4）全国碳排放权交易有哪些方式？

（5）主管部门如何对交易机构和交易活动进行监督管理？

# 4 碳排放相关参数分析

碳排放数据的真实准确是碳市场健康发展的重要基础，是维护国家碳排放政策公信力、碳市场信用信心的生命线和保障线。要通过常态化的日常监督管理，建立健全数据质量管理长效机制，及时发现问题、解决问题，进一步提升数据质量。

依据《企业温室气体排放核算与报告指南　发电设施》（以下简称《核算报告指南》）要求，在每月结束后的40个自然日内，重点排放单位要通过管理平台上传八个重点参数，九个“只报告、不核查”辅助参数以及上述参数的支撑材料，上述参数对评估碳排放数据质量具有重要意义。本章主要从生产端以及排放量计算两个角度对八个重点参数、九个辅助参数进行分析，同时选取了其他几个对碳排放计算及碳排放配额具有重要影响的参数，针对每个具体参数，分别从各参数的内涵、数据监测与获取方法、逻辑验证关系三个方面进行详细介绍；针对企业碳排放管理工作中上述关键参数存在的一些常见问题、共性问题、疑难问题以问答形式进行了罗列，并以框图形式进行展现，清晰明了，以便为企业碳排放数据管理提供参考依据。

## 4.1　排放量计算相关参数分析

### 4.1.1　燃料的消耗量相关参数分析

#### 4.1.1.1　化石燃料消耗量分析

（1）化石燃料消耗量的内涵

化石燃料消耗量是指统计期内发电设施消耗的各种煤、石油、天然气的数量，应根据重点排放单位所消耗的能源实际测量值来确定，包括但不限于大修、检修或调峰启停阶段设备的烘炉、暖机、空载运行的燃料等，使用皮带秤或给煤机直接计量的全部入炉煤量、燃气表计量的燃气消耗量等原始数据用于碳排放核算。

（2）数据的监测与获取

① 燃煤消耗量数据按以下优先序获取。

a. 生产系统记录的计量数据，即经校验合格后的皮带秤或耐压式计量给煤机的入炉煤测量数值。对皮带秤须采用皮带秤实煤或循环链码校验每月一次，或至少每季度对皮带秤进行实煤计量比对。

b. 购销存台账中的消耗量数据，即通过盘存平衡后的消耗量数值。

c. 供应商结算凭证的购入量数据。

② 燃油/燃气消耗量数据：燃油、燃气消耗量应优先采用每月连续测量结果。不具备连续测量条件的，通过盘存测量得到购销存台账中月度消耗量数据。

（3）逻辑验证信息

① 针对入炉煤，通过每班、每日统计验证月报数据。

② 针对入厂煤，通过每日或每批次统计以及盘存数据验证月报数据。

③ 燃煤消耗量数据与供热比、供热煤耗、供电煤耗等参数直接相关，可通过上述数据进行交叉验证，识别数据异常问题。利用反平衡法校核燃煤的月或年消耗量，即根据锅炉供出的蒸汽总热量和锅炉的热效率，推算耗用的标煤量，再折算出燃煤量。

④ 燃气消耗量，针对生产系统记录的计量数据，通过日统计加和验证月报数据；针对供应商结算凭证的购入量数据，通过批次统计加和验证月报数据。

#### 4.1.1.2 煤炭购入量及来源分析

（1）煤炭购入量

煤炭购入量，即入厂煤接收量，主要采用汽车衡、电子轨道衡或地磅来进行计量，轨道衡、汽车衡等计量器具的准确度等级应符合《火力发电企业能源计量器具配备和管理要求》（GB/T 21369）的相关规定，并确保在有效的检验周期内。

（2）煤炭来源

燃煤质量包括现场燃料的水分、杂质含量等。燃煤质量的优劣直接影响到所产生的热量的大小，同时也是衡量标煤单价的另外一项指标。同样的电量标准下，如果所选煤炭品质较差，其发热量达不到相应的标准和要求。此外，如果煤炭的质量比较好，就能够减少煤炭的使用量，为企业节省成本。煤炭质量与煤种以及煤炭产地等直接相关。

① 煤炭种类。根据煤化程度参数、煤炭用途及目的等，可将煤炭及煤炭品种进行分类，分类结果详见表 4-1。

我国煤炭最丰富的品种是动力煤，动力煤主要用于发电。我国五大动力煤企业分别为中国神华、陕西煤业、中煤能源、兖州煤炭、伊泰煤炭（按照 2019 年自产煤销量排序），其中伊泰煤炭的吨煤材料成本最低。

研究显示，同一负荷下，低位发热量越低、收到基碳含量越高的煤种的燃煤量、碳排放量越大。

② 煤炭产地。煤炭是我国的主体能源，集中分布于西部和北部地区，特别是山西、陕西和内蒙古西部，且煤质普遍较高。据中国煤炭资源网 2020 年数据，分区域来看，全国 70%以上的动力煤都来自内蒙古、山西、陕西三个省份。尤其是内蒙古，2020 年动力煤供应量占全国供应量比重超 30%。综合煤的质量来看，山西产的煤“量多质好”。数据显示，动力煤产量前十的省份中，山西、贵州、安徽、河南四省供应的动力煤质量更好，主要煤种发热量较高。

企业入厂煤及入炉煤等要精确到煤矿产区信息，主要是因为不同产区不同品种煤的元素碳含量、低位发热量等信息差别较大。

煤种、煤炭购入量和煤炭来源（产地、煤矿名称），提供每月企业记录或供应商证明等。

**表 4-1　煤炭分类**

| 分类原则 | 分类 | 特点 |
|---|---|---|
| 煤炭分类（煤化程度参数） | 无烟煤 | 细分为无烟煤一号、无烟煤二号、无烟煤三号。煤化程度最高，挥发分低，含碳量最高，燃点高，是较好的民用燃料和工业原料。碳含量通常为 90%～98%，呈黑色且有金属光泽，特征包括低挥发分、高燃点、高热量和低污染 |
| | 烟煤 | 细分为贫煤、贫瘦煤、瘦煤、焦煤、肥煤、1/3 焦煤、气肥煤、气煤、1/2 中黏煤、弱黏煤、不黏煤、长焰煤。从前到后煤化程度逐渐变低，挥发分逐渐变高。碳含量一般为 74%～92%，多呈黑色且有光泽，具有较高的挥发分和热值，但易结渣、污染较大 |
| | 褐煤 | 细分为褐煤一号、褐煤二号。煤化程度最低，含碳量通常为 60%～70%，外观呈褐色，特点是含水量高、挥发分高、热值低、燃点低。发热量最低，一般做燃料使用 |

续表

| 分类原则 | 分类 | 特点 |
| --- | --- | --- |
| 煤炭用途分类 | 动力煤 | 品种包括洗混煤、洗中煤、粉煤、末煤等，类别包括褐煤、长焰煤、不黏煤、贫煤、气煤以及少量的无烟煤，用作动力原料 |
| | 炼焦煤（主焦煤） | 冶金焦（包括高炉焦、铸造焦和铁合金焦等）、气化焦和电石用焦，类别主要是烟煤，包括贫瘦煤、瘦煤、焦煤、肥煤、1/3焦煤、气肥煤、气煤、1/2中黏煤等，用于生成焦炭 |
| | 化工用煤 | 主要是无烟煤，用来生产化学工业原材料 |
| 煤炭品种分类 | 原煤 | 煤矿生产出来的未经分选和筛选加工，仅经人工手选矸石后的煤炭产品 |
| | 精煤 | 原煤经过洗煤，除去煤炭中矸石，变为专门用途的优质煤。冶炼用炼焦精煤，灰分小于等于12.5%；其他用炼焦精煤，灰分为12.5%～16%；喷吹用精煤粒度较小 |
| | 洗选煤 | 经过洗选加工，清除了大部分或部分杂质与矸石的煤，粒度有不同范围 |
| | 筛选煤 | 经过筛选加工后，清除了大部分或部分杂质与矸石的煤，其粒度分级下限在6mm以上 |

## 4.1.2 元素碳含量相关参数分析

### 4.1.2.1 元素碳含量

（1）元素碳含量的内涵

元素碳含量是指煤样/燃油/燃气中碳元素在所有元素中的质量分数，截至2024年7月，我国重点排放单位元素碳含量实测率达到88%。

（2）数据的监测与获取

① 元素碳含量的测定应与低位发热量、燃煤消耗量状态一致。

② 检测分类。

a. 每日检测：采用每日入炉煤检测数据加权计算得到月度平均收到基元素碳含量，权重为每日入炉煤消耗量。

b. 每批次检测：采用每月各批次入厂煤检测数据加权计算得到入厂煤月度平均收到基元素碳含量，权重为每批次入厂煤接收量。

c. 每月缩分样检测：每日采集入炉煤样品，每月将获得的日样品混合，用于检测其元素碳含量；混合前，每日样品的质量应正比于该日入炉煤消耗量且基准保持一致。

③ 元素碳含量未实测或测定方法不符合标准规范的，应取缺省值。元素碳含量年度实测月份为三个月及以上的重点排放单位，可使用当年度已实测月份数据的算术平均值替代缺失月份数据；元素碳含量年度实测月份不足三个月的，缺

失月份燃煤单位热值含碳量使用缺省值。该缺省值为不区分煤种的0.03085tC/GJ。缺失月份燃煤低位发热量可依序按入炉煤、入厂煤或供应商煤质检测结果取值；对查实存在元素碳含量数据虚报、瞒报的重点排放单位，在问题处置及整改中，其燃煤单位热值含碳量仍采用0.03356 tC/GJ的高限值。

④ 月度存证信息。自行检测的，提供每日/每月燃料检测记录或煤质分析原始记录，报告加盖中国计量认证（CMA）或中国合格评定国家认可委员会（CNAS）标识章；委托检测的，提供有资质的检测机构/实验室出具的检测报告，报告加盖CMA或CNAS标识章；报送提交的原始检测记录中应明确显示检测依据（方法标准）、检测设备、检测人员和检测结果；提供每日收到基水分检测记录和体现月度收到基水分加权计算过程的Excel计算表。

⑤ 参数要求。检测报告应同时包括样品的元素碳含量、低位发热量、氢含量、全硫、水分等参数的检测结果。一般来说，送检时获取的是空干基碳含量（$C_{ad}$），此时须按照《核算报告指南》式(2)，通过企业实测的全水分月加权均值和空干基水分月加权均值计算得到收到基碳含量（$C_{ar}$）。此报告中的低位发热量测试结果仅用于数据可靠性对比分析和验证。企业要依据检测报告出具的氢含量、全硫、水分数据填报碳排放数据管理平台。

（3）逻辑验证信息

① 综合样空干基高位发热量与综合样空干基元素碳含量比值的合理区间：0.35～0.40。

② 燃煤干燥无灰基元素碳含量：褐煤为60%～77%，烟煤为74%～92%，无烟煤为90%～98%。

③ 根据每次检测的燃气元素碳含量验算月度燃气元素碳含量的计算是否正确。

**燃煤消耗量与元素碳检测周期不一致怎么办?**

问题：当燃煤消耗量和元素碳检测周期无法一一对应（生产数据无法调整），燃煤元素碳含量检测数据应如何采用?

解释：建议企业调整缩分周期为自然月，使排放量计算与生产数据统计周期保持一致。针对已发生的情况，可考虑以对应缩分样品时间段的每日燃煤消耗量为权重和对应各月度元素碳含量测试结果重新加权计算当月燃煤元素碳含量。如果月度缩分煤样混合未能覆盖全部日期，则当自然月其他未参与混样的日期的燃煤收到基元素碳含量，可按当年按自然月缩分化验的已实测月份的元素碳含量算术平均值作为参照，或直接取《核算报告指南》规定的缺省值。

#### 4.1.2.2 水分检测分析

（1）水分检测的内涵

火电企业煤的全水分测定是煤质分析与化验工作的重要内容，也是评价煤炭经济价值的最基本指标。煤的全水分指燃煤中所包含的内在和外在的水分含量的总和，煤中水分的变化会造成收到基发热量及其他组分的含量变化。内水与煤质有关，而外水则是一个变量，有大有小，差别很大。煤的水分是一个重要的计质和计量指标，在煤炭分析中，煤的水分是进行不同基的煤质分析结果换算的基础数据。

全水分是排放数据造假最隐蔽的环节。全水分煤种差异较大，区域异质性较强，应作为佐证线索具体对待。

（2）数据的监测与获取

① 元素碳含量水分换算：全水和内水均采用企业每日测量值的月度加权平均值；

② 收到基水分换算与燃煤元素碳检测状态一致，即按照每日、每批次加权得到月度值；

③ 空气干燥基水分换算与燃煤元素碳检测状态一致，即按照每日、每批次或月缩分样采用检测样品数值。

（3）逻辑验证信息

① 一般情况下煤中每增加（或降低）1.0%的水分，燃煤热值 $Q$ 约降低（或增加）250J/g。

② 外水含量的增加会引起煤收到基低位发热量的减少。

③ 全水含量增加时，低位发热量减少；全水含量减少时，低位发热量增加。

④ 内水含量增加时，低位发热量增加；内水含量减少时，低位发热量减少。

⑤ 在内水含量较小的情况下，煤中每1%含量的外水引起煤收到基低位发热量的变化量约为煤分析基低位发热量的1%。

⑥ 全水测定中存在计质水分和计量水分两种指标，计算低位发热量的水分应使用计质水分。

⑦ 收到基水分一般高于空干基水分，一般全水值高于20%应重点关注。

**未实测全水分如何处理?**

问题：企业没有每日实测全水分，该如何进行参数处理?

解释：若企业未实测收到基水分，则按保守性原则，采用企业每日测量值空干基水分的月度加权平均值作为收到基水分，如果企业也没有自测空干基水分，再采用月度缩分样的空干基水分检测数据。

### 4.1.3 低位发热量相关参数分析

#### 4.1.3.1 低位发热量分析

（1）低位发热量的内涵

低位发热量是指燃料完全燃烧，其燃烧产物中的水蒸气以气态存在时的发热量，也称为低位热值。

（2）数据的监测与获取

① 低位发热量取值应与燃煤消耗量状态一致，即均为入炉煤或均为入厂煤，优先采用每日入炉煤检测数值，其次采用每日或每批次入厂煤检测数值。

**是否可用入厂煤低位发热量替代入炉煤低位发热量?**

问题：企业未能实测入炉煤的低位发热量，可否使用入厂煤的低位发热量替代?

解释：按照《核算报告指南》规定，计算机组化石燃料燃烧排放时，燃煤的消耗量与燃煤的元素碳含量、低位发热量应匹配。因此，企业如未检验入炉煤的低位发热量，可以采用入厂煤消耗量与入厂煤低位发热量口径计算，也可以采用入炉煤消耗量数据与缺省值燃煤低位发热量数据进行计算，前后口径需一致。不建议使用不同口径的入炉煤消耗量数据和入厂煤低位发热量数据。

② 入炉煤月度平均收到基低位发热量由每日/班所耗燃煤的收到基低位发热量加权平均计算得到，其权重是每日/班入炉煤消耗量。

入厂煤月度平均收到基低位发热量由每批次平均收到基低位发热量加权平均计算得到，其权重是该月每批次入厂煤接收量。当入厂煤数据不可获得时，可采用入窑煤的数值。

③ 上报数据为收到基低位发热量，空干基煤样转换为收到基低位发热量需输入四项指标：收到基水分（全水）、空干基水分（内水）、全硫、空干基氢含量。

④ 缺省值规定。当某日或某批次燃煤收到基低位发热量无实测时，或测定方法均不符合要求时，该日或该批次的燃煤收到基低位发热量应不区分煤种取 26.7GJ/t。

（3）逻辑验证信息

① 发热量和灰分之间基本呈负相关性：灰分越高，发热量越低；灰分越低，发热量越高。

② 根据每日的入炉煤低位发热量及每日的入炉煤量、每日或每批次的入厂煤低位发热量和入厂煤量，验算月度低位发热量的计算是否正确。

③ 燃煤低位发热量合理阈值范围（仅供参考，不作为判定的依据）详见表4-2。

**表4-2 低位发热量合理阈值**

| 燃料类型 | 参考阈值区间 | 单位 |
|---|---|---|
| 燃煤 | 5.5～32.2 | GJ/t |
| 原油 | 40.1～44.8 | GJ/t |
| 燃料油 | 39.8～41.7 | GJ/t |
| 柴油 | 41.4～43.3 | GJ/t |
| 液化石油气 | 44.8～52.2 | GJ/t |
| 炼厂干气 | 47.5～50.6 | GJ/t |
| 天然气(标准状态) | 355.44～397.75 | $GJ/10^4 m^3$ |

#### 4.1.3.2 单位热值含碳量分析

（1）交叉验证

① 根据每日燃煤元素碳含量/每日燃煤量/每日收到基水分、每批次入厂煤元素碳含量/每批次入厂煤量/每批次收到基水分，验算月度元素碳含量的计算是否正确。

② 单位热值含碳量与元素碳含量之间的关系如式(4-1)所示：

$$单位热值含碳量=\frac{元素碳含量}{低位发热量(收到基)} \tag{4-1}$$

③ 单位热值含碳量对机组碳排放总量的影响在2%～10%之间。

（2）合理阈值范围

燃料单位热值含碳量合理阈值范围（仅供参考，不作为判定的依据）详见表4-3。企业分煤种实测单位热值含碳量如处于参考阈值之外，应重点关注检查企业燃煤来源、煤质检测过程合规性。

**表4-3 燃料单位热值含碳量合理阈值范围**

| 燃料类型 | 参考阈值区间 | 单位 |
|---|---|---|
| 燃煤 | 0.0238～0.0313 | tC/GJ |
| 原油 | 0.0194～0.0206 | tC/GJ |
| 燃料油 | 0.0206～0.0215 | tC/GJ |

续表

| 燃料类型 | 参考阈值区间 | 单位 |
|---|---|---|
| 柴油 | 0.0198～0.0204 | tC/GJ |
| 液化石油气 | 0.0168～0.0179 | tC/GJ |
| 炼厂干气 | 0.0133～0.0190 | tC/GJ |
| 天然气 | 0.0148～0.0159 | tC/GJ |
| 高炉煤气 | 0.0597～0.0840 | tC/GJ |
| 焦炉煤气 | 0.0103～0.0150 | tC/GJ |
| 转炉煤气 | 0.0395～0.0550 | tC/GJ |

（3）高低限值

综合考虑已有研究成果，参考IPCC国家温室气体清单中选用95%置信区间的上下限值作为高低限值：

① 烟煤缺省值推荐值为26.54tC/TJ，高低限值为[28.27，24.88]。

② 褐煤缺省值为28.08tC/TJ，高低限值为[30.30，25.98]。

③ 无烟煤缺省值为27.28tC/TJ，高低限值为[29.48，25.21]。

④ 不分煤种缺省值为26.83tC/TJ，高低限值为[29.01，24.77]（仅适用于燃烧烟煤、褐煤或无烟煤的电厂）。

（4）缺省值

对于未开展燃煤元素碳实测或实测不符合要求的常规燃煤机组，单位热值含碳量取0.03085tC/GJ。未开展燃煤元素碳实测或实测不符合要求的非常规燃煤机组，单位热值含碳量取0.02858 tC/GJ。

**关键参数取缺省值和实测值对碳排放量有什么样的影响?**

问题：某发电企业有2台220MW及2台300MW机组，2022年度耗煤量212.89×$10^4$t，碳氧化率取99%，单位热值含碳量缺省值为0.03356tC/GJ、实测值为0.02635tC/GJ，燃煤低位发热量缺省值为26.7GJ/t、实测值为22.623GJ/t。单位热值含碳量分别取缺省值和实测值，对碳排放量的影响有多大?

解释：分三种情况进行分析，详见表4-4。

**表4-4　关键参数不同取值对碳排放量的影响**

| 方案 | 单位热值含碳量/(tC/GJ) | | 低位发热量/(GJ/t) | | 碳排放量/$10^4$t | 偏差/% |
|---|---|---|---|---|---|---|
| | 实测值 | 缺省值 | 实测值 | 缺省值 | | |
| 方案一 | | 0.03356 | | 26.7 | 692.46 | 50.32 |
| 方案二 | | 0.03356 | 22.623 | | 586.72 | 27.36 |
| 方案三 | 0.02635 | | 22.623 | | 460.67 | |

# 4.2 生产端相关参数分析

## 4.2.1 供热相关参数分析

### 4.2.1.1 供热量分析

（1）供热量内涵

供热量是锅炉直供蒸汽热量与汽轮机供蒸汽热量之和，即锅炉不经汽轮机直供蒸汽热量、汽轮机直接供热量与汽轮机间接供热量之和，不含烟气余热利用供热。供热量为供热计量点供出工质的焓减去返回工质的焓乘以相应流量，包括用户有效利用热量和各种损失热量，供热存在回水时，计量供热量应扣减回水热量。计算公式详见《核算报告指南》式(7)～式(10)。核算企业供热量时，需明确企业供热方式，是否存在不经汽轮机直供蒸汽、汽轮机直接供热、汽轮机间接供热，回水情况，等等。

**计算供热量未扣除回水余热有什么影响?**

问题：在企业生产中，如果企业供热存在回水，在计算供热量时未扣除回水余热会产生什么影响?

解释：在企业生产中，如果企业供热存在回水，在计算供热量时未扣除回水余热会导致计算出的供热量偏高。这是因为回水余热是供热系统中的一部分，它代表了部分热能已经被使用过但仍具有一定热量的水。如果不扣除这部分热量，会导致计算出的总供热量包含了已经被利用过的热量，使得计算结果偏高，从而影响企业碳排放数据的准确性。

对外供热是指向除发电设施汽水系统（除氧器、低压加热器、高压加热器等）之外的热用户供出的热量。因此，存在向厂区内外用户抽汽供热、乏汽供热等对汽水系统之外的供热，均作为对外供热，按热电联产考虑。

**制冷蒸汽消耗热力是否计入供热量?**

问题：某电厂的产品除了电力、热力外，还抽取一部分蒸汽制冷或者生产压缩空气外供，请问是否应该将这类型企业制冷、压缩空气消耗的热力计为供热量？是否也会获得相应配额分配?

解释：对于电力生产企业，如果产品除电力、热力外，还抽取一部分蒸汽制冷或生产压缩空气外供，则抽出的蒸汽可折算成供热量。具体计算方法根据抽出蒸汽的流量计算，以质量单位计量的蒸汽可采用《核算报告指南》中相应公式转换为热量单位。折算后的供热量按照国家公布的配额分配方法及相应基准值核定配额分配量。

（2）数据的监测与获取

① 蒸汽及热水温度、压力数据与供热量的计算紧密相关，可按以下优先序获取：计量或控制系统的实际监测数据，宜采用月度算术平均值，或运行参数范围内经验值，如DCS（分布式控制系统）、生产日志等月度平均值；如采用经验值的，应确保在运行参数范围内并保持稳定、合理采用；相关技术文件或运行规程规定的额定值。

② 供热量主要通过计量设备进行监测，可通过企业台账进行查询。供热量数据应每月进行计量并记录，年度值为每月数据累计之和，按以下优先序获取：直接计量的热量数据，如果有热源侧和用户侧不同的计量结果，可以优先采用热源侧数据；要重视计量数据的可得性和准确性，不能通过管损数据折算或估算；结算凭证上的数据。供热量的台账记录信息见表4-5，表4-5记录的是主要信息，电厂可在此基础上依据需求自行设计。

**表 4-5　供热量的台账记录**

<table>
<tr><td rowspan="2">机组名称</td><td rowspan="2">参数名称</td><td rowspan="2">单位</td><td colspan="2">数据的确定方法及获取方式</td><td colspan="5">测量设备<br>（适用于数据获取方式来源于实测值）</td><td rowspan="2">数据记录频次</td><td rowspan="2">数据缺失时的处理方式</td><td rowspan="2">数据获取负责部门</td></tr>
<tr><td>获取方式</td><td>确定方法</td><td>测量设备及型号</td><td>测量设备安装位置</td><td>测量频次</td><td>测量设备精度</td><td>规定的测量设备检定/校准频次</td></tr>
<tr><td>1号机组</td><td>供热量</td><td>GJ</td><td></td><td></td><td></td><td></td><td></td><td></td><td></td><td></td><td></td><td></td></tr>
<tr><td colspan="13">生产数据记录</td></tr>
<tr><td>机组</td><td colspan="2">参数</td><td>单位</td><td>1月</td><td>2月</td><td>3月</td><td>4月</td><td>5月</td><td>6月</td><td>…</td><td>12月</td><td>全年</td></tr>
<tr><td>1号机组</td><td>$Q$</td><td>供热量</td><td>GJ</td><td></td><td></td><td></td><td></td><td></td><td></td><td></td><td></td><td></td></tr>
</table>

资料来源：《企业温室气体排放核查技术指南　发电设施》。

③ 供热计量器校准和检定要求。市场上存在多种类型的供热计量装置，以满足不同建筑和用户的需求。这些装置主要分为以下三类：热量表，用于测量和记录热量消耗；温控阀，控制热水流量，以调节室内温度；智能控制系统，结合热量表和温控阀，实现自动化控制和监测。发电行业供热计量器的校准和检定要求主要包括以下几点。

a. 环境条件：校准应在专门校验室中进行，确保校验室的温度和湿度满足特定要求，通常要求温度在室温（20±5）°C 范围内，相对湿度不超过 85%，以保证校准的准确性。

b. 使用标准仪器：用于校准的标准仪器误差限应是被校表误差限的 1/3 到 1/10，确保校准的精度。标准仪器需定期在国家规定计量机构进行校准，以保证其准确度。

c. 校准与检定管理：企业应建立完善的计量器具管理机制，包括计量器具的台账、档案，以及使用、维修、检定的原始技术资料保存。计量器具应实行统一管理，并逐步实现计算机化管理。

d. 周期性检定：计量器具应按照国家、行业主管部门发布的法律、法规、规范进行周期性检定，确保其准确性和可靠性。未经检定或检定不合格的计量器具禁止使用。

e. 计量器具配备率：计量器具的配备率应不低于行业配备规范的规定，对于主要供热单位和主要用能设备，其计量器具的配备率必须满足相关要求。

f. 在线校准：由于供热系统上的仪表拆卸下来送到实验室检定或校准难度大、过程复杂且费用较高，很多计量器具厂商和检测机构正在研究仪表在线校准的方法以解决这一问题。这些要求主要是确保供热计量器的准确性和可靠性，提高供热系统的效率和安全性。

④ 供热方式与计量点位。供热可分为直接供热与间接供热，二者的计量点位不同，如图 4-1 所示。

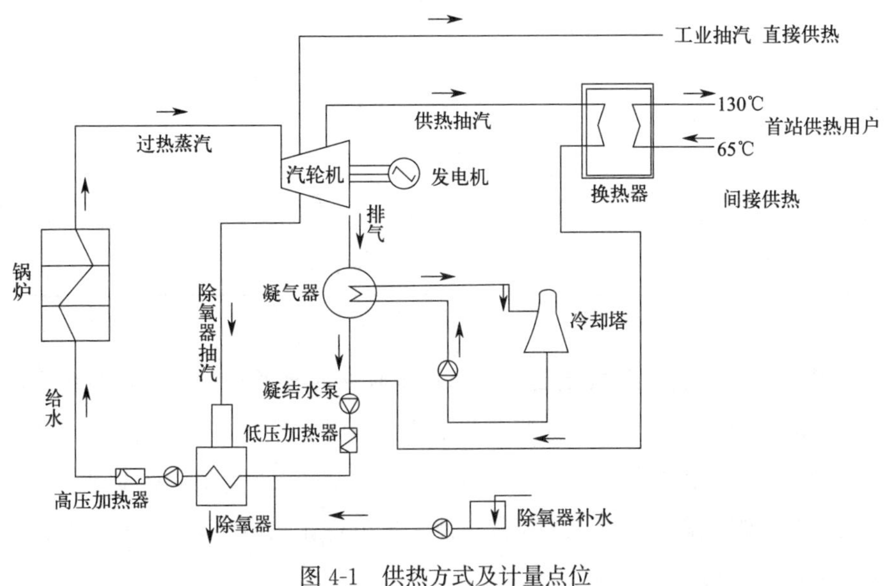


图 4-1 供热方式及计量点位

⑤ 月度存证数据。针对供热量参数，月度存证数据包括两种：采用直接计量数据的，提供每月生产报表或台账记录，以及 Excel 计算表；采用结算数据的，提供结算凭证和 Excel 计算表。

（3）逻辑验证信息

① 供热量与热耗量、供热比、供热发电比、发电量等密切相关，不同变量之间的关系表现为式(4-2) 和式(4-3)，可通过不同参数之间进行交叉验证，查验供热量数据是否存在异常及计算不一致情况。

$$供热量=热耗量\times供热比 \tag{4-2}$$

$$供热量=供热发电比\times发电量\times10^{-3} \tag{4-3}$$

② 供热量一般小于热耗量。

③ 供热量一般小于锅炉产热量。

④ 供热比超过 100%，可能与供热量计算范畴纳入了烟气余热利用量有关。

#### 4.2.1.2 供热比分析

（1）供热比内涵

供热比的计算依据锅炉/汽轮机组实际运行情况而异。正算法下，当存在锅炉向外直供蒸汽的情况时，计算公式参见《核算报告指南》附录 E 中式(E.1)～式(E.2)，不存在直供情况下，计算公式参见式(E.3)；反算法下，当供热煤耗数据可得时，计算公式参见式(E.4)，当燃气蒸汽联合循环发电机组（CCPP 机组）存在外供热量时，计算公式参见式(E.5)和式(E.6)。

**供热量无法拆分怎么办?**

问题 1：热电联产企业无法将供热量、供热比拆分到单个机组，且每个机组压力参数、装机容量不一致，应如何填报？能否合并填报?

解释 1：对于热电联产企业来说，当其供热量、供热比无法拆分到单个机组时可以将机组合并填报，并参考当年适用的《企业温室气体排放核算与报告指南　发电设施》或修订版本相关要求。

**供热比怎么计算?**

问题 2：供热比中界定的统计期为月度，也就是每月对供热比进行计算并记录，年度的供热比根据每月供热量和锅炉产量累计进行计算，是否正确？企业在填报数据时，可以填报每个月供热比数据，但汇总年度数据的时候，如何填报?

解释 2：供热比年度结果根据每月累计得到的全年供热量、产热量或耗煤量等进行计算。供热比月度结果用于数据可靠性的对比分析和验证。

（2）数据的监测与获取

① 供热比与供热量、锅炉总产出的热量、汽轮机总耗热量（锅炉主蒸汽量、锅炉主蒸汽焓值、锅炉给水量、锅炉给水焓值、汽轮机进口端再热蒸汽量、再热蒸汽热段与冷段焓值差值）、供热煤耗、总标煤量等参数有关，上述相关参数的监测与获取参考《火力发电厂技术经济指标计算方法》（DL/T 904）或《热电联产单位产品能源消耗限额》（GB 35574）的要求。

② 相关参数按以下优先序获取：生产系统记录的实际运行数据，结算凭证上的数据，相关技术文件或铭牌规定的额定值。

③ 供热比年度/月度结果。供热比年度结果需要根据每月累计得到的全年供热量、产热量或耗煤量等进行计算。供热比月度结果用于数据可靠性的对比分析和验证。

（3）逻辑验证信息

供热比是一个综合系数，能够反映供热煤耗、供热量、总耗标准煤量、供电量、供电煤耗等参数的情况。

① 供热比与供热煤耗、供热量等参数之间的关系如式(4-4）和式(4-5）所示，可通过不同参数之间进行交叉验证，查验供热量数据是否存在异常及计算不一致情况。

$$供热比=\frac{供热煤耗\times供热量}{总耗标准煤量}=\frac{供热煤耗\times供热量}{供热煤耗\times供热量+供电煤耗\times供电量} \quad (4\text{-}4)$$

$$供热比=\frac{机组向外供出的热量}{锅炉总产出的热量}$$

$$\approx\frac{供热量}{主蒸汽流量\times主蒸汽焓-锅炉给水流量\times锅炉给水焓} \quad (4\text{-}5)$$

② 供热比大说明热效率高，汽轮机组消耗热量少。

③ 未填报掺烧生物质的情况下，供热比≤100％。

#### 4.2.1.3 供热煤耗分析

（1）供热煤耗内涵

供热煤耗是指统计期内机组每对外供热 1GJ 的热量所消耗的标准煤量，可表示为统计期内耗用的标准煤量与供热量的比值。正算法、反算法的计算公式分别参见《核算报告指南》附录中式(E.8）和式(E.9）。

（2）数据监测与获取

相关参数按以下优先序获取：企业生产系统的实测数据，相关设备设施的设计值/标称值。

（3）逻辑验证信息

① 供热煤耗既与煤量准确性有关，也与供热计量有关；可能涉及的问题有煤量失真、计量设备未校准、设施边界错误等。

② 研究显示，供热蝶阀对热电联产机组的供热煤耗影响较大，采用供热蝶阀的热电联产机组的供热煤耗会显著下降，高达 12.29kg/GJ；热电联产机组热网循环水泵采用电机驱动的供热煤耗相比采用小汽轮机驱动会上升，上升值最大为 1.21kg/GJ；热电联产机组给水泵采用电机驱动和采用小汽轮机驱动相比，不同类型机组的供热煤耗变化不同，可能上升或下降，上升值最大为 0.77kg/GJ，下降值最大为 0.99kg/GJ。

③ 采用余热回收技术可有效提高机组的供热能力，显著降低供热煤耗，温度最低月份的供热煤耗下降高达 11.29kg/GJ，节煤效果显著。

④ 供热煤耗与供热比、供热量、锅炉效率等参数之间的关系如式(4-6) 和式(4-7) 所示。

$$供热煤耗=\frac{总耗煤量(标准煤)\times 供热比}{供热量} \tag{4-6}$$

$$供热煤耗=\frac{0.03412}{锅炉效率\times 管道效率\times 换热器效率} \tag{4-7}$$

⑤ 供热煤耗一般大于等于 0.03412tce/GJ[1]，取值范围一般为 0.03412～0.043tce/GJ。

**供热比不可得的情况下，如何计算供热煤耗?**

问题：某发电企业的锅炉总产出热量或汽轮机耗热量不可得，无法通过供热量、锅炉总产出热量或汽轮机耗热量计算供热比，这种情况下供热煤耗如何计算?

解释：发电企业应考虑按照《热电联产单位产品能源消耗限额》（GB 35574）和《火力发电厂技术经济指标计算方法》(DL/T 904) 标准计算方法的要求计算供热煤耗。当供热比等相关数据不可得时，可采用反算法简化计算获取供热煤耗，即式(4-7)。

#### 4.2.1.4 供热碳排放强度分析

（1）供热碳排放强度内涵

供热碳排放强度是指机组每供出 1GJ 的热量所产生的二氧化碳排放，计算

---

[1] 1tce=29.3×$10^6$kJ。

公式详见《核算报告指南》附录中式(E.12）和式(E.14)。

（2）逻辑验证信息

碳排放总量一定的情况下，供热比越大，说明机组供热量越大，能效水平优，供热碳排放强度和供电碳排放强度水平相对较低。

## 4.2.2 发电相关参数分析

### 4.2.2.1 发电量分析

（1）发电量内涵

发电量是指统计期内从发电机端输出的总电量。发电量与机组装机容量、运行时间和负荷相关，计算公式见式(4-8)。

发电量＝装机容量×全年/月运行小时数×负荷系数 （4-8）

（2）数据监测与获取

① 发电量、供电量和厂用电量应根据企业电表记录的读数获取或计算，并符合《火力发电厂技术经济指标计算方法》（DL/T 904）和《名词术语 电力节能》（DL/T 1365）等国家和行业标准中的要求，按照自然月统计，与其他生产数据统计周期保持一致。要注意控排企业可能存在多块发电量电表情况。

**发电量数据核算中容易忽视哪些问题?**

某发电厂填报的企业温室气体排放数据显示，上一年度发电量为 $70\times10^4$ MW·h，原始数据为4块发电表。实际核算中发现，企业有一块发电表设置在较为隐蔽处，发电厂漏报了该处发电表数据，涉嫌漏报发电量 $20\times10^4$ MW·h。

② 计量电表的检定和校准要求。发电厂产品计量器具主要包括电能计量装置和能源计量器具。

电能计量装置是用于测量和记录发电量、供电量、厂用电量、线损电量和用户用电量的计量器具。它由电能表（包括有功电能表、无功电能表、最大需量表、复费率电能表等)、计量用互感器（包括电压互感器和电流互感器）及二次连接线导线构成。电能计量装置根据其计量对象的重要程度和管理分类需要，分为Ⅰ、Ⅱ、Ⅲ、Ⅳ、Ⅴ五类。例如，Ⅰ类电能计量装置包括220kV及以上贸易结算用电能计量装置、500kV及以上考核用电能计量装置、计量单机容量300MW及以上发电机发电量的电能计量装置。

能源计量器具则是指直接用于能源用量计量的测量设备，如电能表、水表、流量计等。热电偶、热电阻、压力表的测量值如果要用于能源计量的运算中，也应被认为是能源计量器具。

电能计量装置和能源计量器具共同确保了发电厂能够准确测量和记录各种能源的使用情况，从而进行有效的管理和控制。为了保证燃煤化验数据的准确性，在具体操作的过程中需要定期对计量器具进行检查，并依据相关要求出具检验合格标志。在检测过程中，还需要通过具体实物测量来鉴定计量工具的准确性。除了要对相关计量工具进行定期检测之外，还需要安排相关专业人员严格按照计量规章制度进行定期保养和维护，保证计量工具的正常使用和燃煤质量验收工作的顺利进行。计量器具中计量电表的检定和校准要求主要包括以下几点。

a. 法定计量检定：电能表作为国家强制检定的计量器具，必须由法定计量检定机构或政府计量行政部门授权的机构进行检定。这确保了电能计量的准确性和公正性。

b. 检定周期：根据电能计量装置的特性和使用条件，确定合理的检定周期，确保装置的长期准确性。

c. 校准设备和仪器：校准设备应满足国际和国家相关技术标准的要求，确保校准过程的准确性和精确度。

d. 校准环境控制：在校准过程中，要确保校准环境的稳定性，包括温度、湿度、电磁场等因素的控制，以保证校准结果的可靠性。

e. 数据记录和文档管理：校准过程中生成的数据和相关文档应进行完整记录和管理，确保数据的可追溯性和校准结果的可查性。

f. 校准流程：包括准备工作、校准方案制定、校准执行、数据处理和分析、校准结果评定等步骤，以确保电能计量装置符合校准要求。

g. 计量表计的准确性和稳定性：及时开展技术培训，保证计量表计的准确性和稳定性，培训对象包括管理人员、检验检测人员等。

h. 法律法规的规范：电力行业的电能计量管理工作需依法依规进行，建立健全电能计量的法律法规体系，确保工作的合法性和规范性。

发电行业要确保电能计量的准确性和可靠性，保障电力贸易的公平交易，维护用户权益和供电公司的经济利益。用能单位配置的电能表准确度等级不低于表 4-6。

表 4-6　用能单位配置的电能表准确度等级

| 计量器具类别 | 计量目的 | | 准确度等级 |
|---|---|---|---|
| 电能表 | 交流电 | Ⅰ类电能计量装置 | 0.2S |
| | | Ⅱ类电能计量装置 | 0.5S |
| | | Ⅲ类电能计量装置 | 1.0 |
| | | Ⅳ类电能计量装置 | 2.0 |
| | | Ⅴ类电能计量装置 | 2.0 |

③ 月度存证数据。企业发电量参数需提供每月生产报表或台账记录。发电量台账内容主要包括：发电机组编号，即标识发电机组的编号，方便对不同发电机组进行区分；机组的数据获取方式，方式类型包括实测值、缺省值、计算值、其他，便于数据核查；发电机组容量，记录发电机组的容量信息，以便进行功率计算和对不同发电机组的对比分析；发电量，记录每个发电机组的发电量，以便进行产量统计和对比分析；运行状况，记录每个发电机组的运行状况，包括正常运行、停机维护、故障停机等；运行记录，记录每个发电机组的运行情况和关键数据，包括电压、电流、功率因数、温度等。发电量台账主要记录信息见表 4-7，表 4-7 记录的是主要信息，电厂可在此基础上依据需求自行设计。

（3）逻辑验证信息

① 发电量与机组装机容量、运行时间和负荷（出力）系数之间的关系如式（4-9）所示。

$$发电量 \leqslant 装机容量 \times 8760 \times 负荷(出力)系数 \tag{4-9}$$

② 供电量一般小于发电量。

③ 通过电能表报告期的表底数之差，乘以倍率，验算发电量。

#### 4.2.2.2　上网电量分析

（1）上网电量的内涵

上网电量是指统计期内在上网电量计量点向电网（或系统、用户）输入的电量，采用计量数据。

（2）数据的监测与获取

① 上网电量通过与电网、外部系统或用户进行结算或销售的凭据进行交叉验证。

**表 4-7　发电量台账**

| 机组名称 | 参数名称 | 单位 | 数据的确定方法及获取方式 | | 测量设备(适用于数据获取方式来源于实测值) | | | | | 数据记录频次 | 数据缺失时的处理方式 | 数据获取负责部门 |
|---|---|---|---|---|---|---|---|---|---|---|---|---|
| | | | 获取方式 | 确定方法 | 测量设备及型号 | 测量设备安装位置 | 测量频次 | 测量设备精度 | 规定的测量设备检定/校准频次 | | | |
| 1号机组 | 发电量 | MW·h | | | | | | | | | | |

生产数据记录

| 机组 | 参数 | | 单位 | 1月 | 2月 | 3月 | 4月 | 5月 | 6月 | … | 12月 | 全年(合计值) |
|---|---|---|---|---|---|---|---|---|---|---|---|---|
| 1号机组 | $P$ | 发电量 | MW·h | | | | | | | | | |

资料来源:《企业温室气体排放核查技术指南　发电设施》。

② 无法获取分机组上网电量的，采用发电机出口变压器高压侧电表电量进行拆分，或按机组发电量进行拆分。

③ 没有结算数据的自备电厂，可通过式(4-10）获取或进行验证。

$$上网电量=发电量-综合厂用电量+外购电量 \tag{4-10}$$

④ 查验月度数据与年度数据之间是否保持一致。

（3）逻辑验证信息

① 不存在外购电量的情况下，上网电量低于发电量。

② 存在外购电量的情况下，若外购电量高于综合厂用电量，则上网电量高于发电量。

③ 通过核实厂用电量计量点和上网电量来确认数据合理性。

#### 4.2.2.3 发电煤耗分析

（1）发电煤耗内涵

发电煤耗是指统计期内发电设施每发出 1MW·h 电能平均耗用的标准煤量，正算法、反算法的计算公式分别参见《核算报告指南》附录中式(E.7）和式(E.10)。

（2）数据的监测与获取

相关参数按以下优先序获取：企业生产系统的实测数据，相关设备设施的设计值/标称值。

（3）逻辑验证信息

① 发电煤耗既与煤量准确性有关，也与发电计量有关；可能涉及的问题有煤量失真、计量设备未校准、设施边界错误等。

② 合理阈值范围（仅供参考，不作为判定的依据）：热电联产机组的发电煤耗一般大于 0.1229tce/(MW·h)，纯凝机组的发电煤耗一般大于 0.249tce/(MW·h)。

③ 热电联产机组的发电煤耗具有明显的季节特征：供暖季发电煤耗低于非供暖季发电煤耗，降低率达 20.47%。机组增加余热回收系统可减少供暖季的发电煤耗。

④ 发电煤耗与供热比、发电量之间的关系如式(4-11）所示。

$$发电煤耗=\frac{统计期内耗用的标准煤量\times(1-供热比)}{统计期内机组发电量} \tag{4-11}$$

**供热比不可得时，如何计算发电煤耗?**

自备电厂的热电联产设施，产生的蒸汽和电力都是内部使用，只能知道电厂总的耗煤量，无法分开统计供热煤耗和供电煤耗，供热比不可得，请问如何计算发电煤耗?

发电煤耗参考《热电联产单位产品能源消耗限额》(GB 35574) 和《火力发电厂技术经济指标计算方法》(DL/T 904) 等计算方法中的要求，供热比不可得时可采用机组发电热效率进行计算。计算公式为式(4-12)。

$$\text{发电煤耗}=\frac{\text{热耗率}}{\text{锅炉热效率}\times\text{管道效率}\times 7000\times\text{热功当量值}}\times 10^{7}$$
$$=\frac{3600}{\text{锅炉热效率}\times\text{管道效率}\times 7000\times\text{汽轮机组发电热效率}\times\text{热功当量值}}\times 10^{9} \quad (4\text{-}12)$$

#### 4.2.2.4 发电碳排放强度分析

(1) 发电碳排放强度内涵

发电碳排放强度是指机组每发出 1MW·h 的电量所产生的二氧化碳排放量，计算公式详见《核算报告指南》附录中式(E.11) 和式(E.13)。2023 年全国火电碳排放强度相比 2018 年下降 2.38%，电力碳排放强度相比 2018 年下降 8.78%。

(2) 逻辑验证信息

① 机组容量对发电碳排放强度的影响分析。研究显示，发电碳排放强度随机组容量增加而降低，如图 4-2 所示。其中，600MW 级机组相比 300MW 级机组降低约 4.5%；1000MW 级机组相比 600MW 级机组降低约 3.8%，相比 300MW 级机组降低约 8.1%。

② 锅炉型式对发电碳排放强度的影响分析。锅炉型式对机组碳排放强度的影响分析如图 4-3 所示。对于 300MW 级机组，锅炉蒸汽参数由亚临界提升至超临界时，发电、供电碳排放强度分别降低约 9.2%、15.4%；对于 600MW 级机组，锅炉蒸汽参数由超临界提升至超超临界时，发电、供电碳排放强度分别降低约 9.8%、11.6%；对于 1000MW 级机组，锅炉蒸汽参数由超超临界提升至高效超超临界时，发电、供电碳排放强度分别降低约 2.2%、4.5%。其主要原因在于随着锅炉蒸汽参数提高，机组发电效率不断提高。

③ 机组负荷对发电碳排放强度的影响分析。研究显示，机组年负荷率相

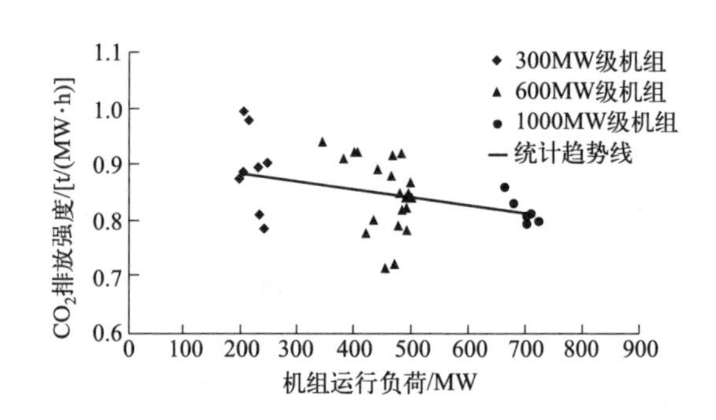


图 4-2 发电碳排放强度与机组容量的关系趋势

［资料来源：马学礼，王笑飞，孙希进，等．燃煤发电机组碳排放强度影响因素研究［J］．热力发电，2022，51（1）：190-195］

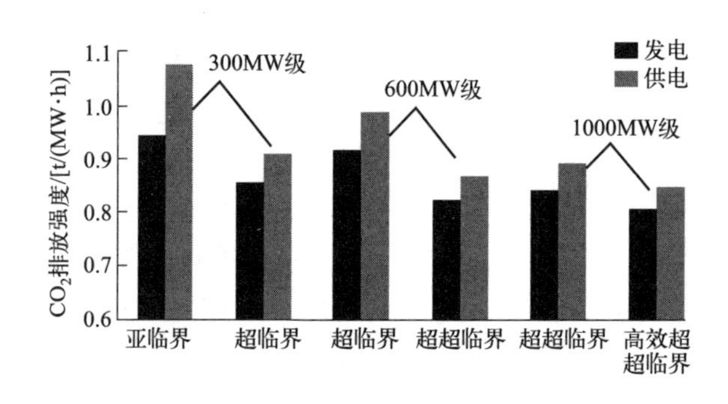


图 4-3 机组碳排放强度与锅炉型式的关系趋势

［资料来源：马学礼，王笑飞，孙希进，等．燃煤发电机组碳排放强度影响因素研究［J］．热力发电，2022，51（1）：190-195］

差较大时，负荷率较大者碳排放强度较低，反之，机组负荷率较小者碳排放强度较高，如图 4-4 所示；当机组负荷率相差不大时，二者相互关系不显著，可能是因为机组实际运行中，影响碳排放强度的因素众多，单一机组负荷影响难以显现。

## 4.2.3 机组负荷及运行时间分析

### 4.2.3.1 运行小时数分析

（1）运行小时数的内涵

运行小时数与生产数据相关，表现为不同机组额定功率与运行小时数的加权平均。运行小时数，特别是发电设备利用小时数，是指在一定时期内（通常为一

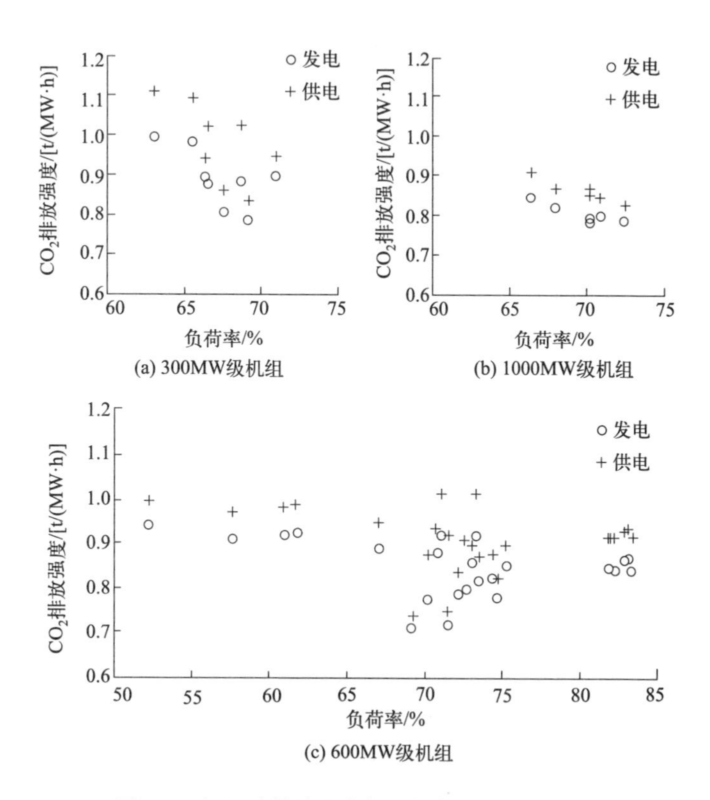


图 4-4　机组碳排放强度与运行负荷的关系趋势

［资料来源：马学礼，王笑飞，孙希进，等．燃煤发电机组碳排放强度影响因素研究［J］．热力发电，2022，51（1）：190-195］

年），发电设备在满负荷运行条件下的平均运行小时数。它是发电量与平均装机容量之比，反映了发电设备的利用率和地区的电力供需形势。

**燃气蒸汽联合循环发电机组的运行小时数如何确定?**

问题：燃气蒸汽联合循环发电机组（CCPP 机组）的运行小时数是怎么确定的?有企业是 2 台燃机、1 台汽机，用 3 台机器各自的运行小时数计算平均值作为机组运行小时数可以吗?

解释：对于 CCPP 机组存在“二拖一”或“二拖二”等情况，企业都应按照各自运行小时数和各自装机容量进行权重加权，并采用当年适用的《企业温室气体排放核算方法与报告指南　发电设施》或修订版本里的公式加权计算。

（2）数据的监测与获取

① 相关参数按以下优先序获取：企业生产系统数据，企业统计报表数据。

② 月度存证数据。运行小时数月度存证信息需提供生产报表或台账记录。运行小时数台账记录见表 4-8，表 4-8 记录的是主要信息，电厂可在此基础上依据需求自行设计。

（3）逻辑验证信息

① 以自然月计量情况下，通常每月运行小时数小于等于 744h。如运行小时数超过 744h，需排除非自然月计量情况。

② 利用小时数一般低于运行小时数。

③ 根据生产数据的变化趋势分析企业运行小时数的合理性。

#### 4.2.3.2 负荷（出力）系数分析

（1）负荷（出力）系数的内涵

负荷（出力）系数是指统计期内，单元机组总输出功率平均值与机组额定功率之比，即机组利用小时数与运行小时数之比，也称负荷率。负荷（出力）系数反映了电力负荷在一定时间内的变化情况，是电力负荷特性的一个重要指标。机组负荷（出力）系数的大小与发电量、机组额定容量、运行小时数等参数相关，计算公式详见《核算报告指南》，计算机组负荷时，要查验是否存在备用机组与被调用机组，机组容量值以发电机实际额定功率为准，可采用排污许可证载明信息、机组运行规程、铭牌等进行确认。

（2）数据的监测与获取

① 相关参数按以下优先序获取：企业生产系统数据，企业统计报表数据。

② 核算合并填报发电机组的负荷（出力）系数时，备用机组的运行小时数可计入被调剂机组的运行小时数中。

③ 月度存证数据。负荷（出力）系数月度存证信息需提供生产报表或台账记录。负荷（出力）系数台账记录见表 4-8，表 4-8 记录的是主要信息，电厂可在此基础上依据需求自行设计。

（3）逻辑验证信息

① 一般情况下，负荷（出力）系数一般小于等于 100%，若负荷（出力）系数高于 115%，需要重点关注。

② 机组负荷与运行小时数之间的关系如式(4-13）所示。

$$\text{机组负荷}=\frac{\text{发电量}}{\text{机组额定容量}}\times\text{运行小时数}=\frac{\text{利用小时数}}{\text{运行小时数}} \tag{4-13}$$

**表 4-8　运行小时数和负荷（出力）系数台账**

| 机组名称 | 参数名称 | 单位 | 数据的确定方法及获取方式 | | 测量设备(适用于数据获取方式来源于实测值) | | | | | 数据记录频次 | 数据缺失时的处理方式 | 数据获取负责部门 |
|---|---|---|---|---|---|---|---|---|---|---|---|---|
| | | | 获取方式 | 确定方法 | 测量设备及型号 | 测量设备安装位置 | 测量频次 | 测量设备精度 | 规定的测量设备检定/校准频次 | | | |
| 1号机组 | 运行小时数 | h | | | | | | | | | | |
| | 负荷(出力)系数 | % | | | | | | | | | | |

生产数据记录

| 机组 | 参数 | | 单位 | 1月 | 2月 | 3月 | 4月 | 5月 | 6月 | … | 12月 | 全年(合计值) |
|---|---|---|---|---|---|---|---|---|---|---|---|---|
| 1号机组 | $R$ | 运行小时数 | h | | | | | | | | | |
| | $S$ | 负荷(出力)系数 | % | | | | | | | | | |

资料来源:《企业温室气体排放核查技术指南　发电设施》。

**企业中运行小时数和负荷（出力）系数的关系是什么?**

发电厂的运行小时数和负荷（出力）系数之间存在密切的关系。运行小时数是指计算期间设备处于运行状态的小时数，而不考虑各种因素的降出力。这意味着，当发电厂设备在一段时间内持续运行，其运行小时数就会增加。负荷（出力）系数，即机组利用小时数与运行小时数之比，反映了机组在特定时期内的平均利用情况。这个系数的高低直接影响到发电厂的效率和经济性。

具体来说，当负荷（出力）系数较高时，意味着机组在大部分时间内都在满负荷或接近满负荷运行，这通常意味着发电厂的运行效率较高，能够更好地满足电力需求，从而获得更高的经济效益。相反，如果负荷（出力）系数较低，可能意味着机组运行时间不足或者负荷需求不稳定，这可能会影响发电厂的盈利能力。

此外，发电厂的碳排放强度也与运行小时数和负荷（出力）系数有关。运行小时数越多，负荷（出力）系数越高，意味着发电厂有更多的机会进行发电活动，从而可能产生更多的二氧化碳排放。因此，对于发电厂而言，提高运行小时数和负荷（出力）系数不仅关系到经济效益，还关系到环保责任和可持续发展。

发电厂的运行小时数和负荷（出力）系数是评估其性能和效率的重要指标，两者之间存在正相关关系，即运行小时数越多、负荷（出力）系数越高，通常意味着发电厂的运行效率和经济效益越好。

③ 仅纯凝发电机组会影响碳排放配额分配。

④ 同等条件下，负荷率越高，供电碳排放强度越低。

# 4.3　其他重要相关参数分析

生物质掺烧热量占比、综合热效率与锅炉热效率虽不是《核算报告指南》中规定的八个关键参数及九个辅助参数，但是对于企业碳排放量异常数据的识别等具有重要作用。

## 4.3.1　生物质掺烧热量占比分析

（1）生物质掺烧热量占比的内涵

生物质掺烧热量占比，即机组的生物质掺烧热量占机组总燃料热量的比例。

（2）数据的监测与获取

核实每个机组的燃料类型、来源和计量方法，对各类燃料购买合同、发票、过磅单、购销存台账和用量记录进行确认。

了解掺烧机组的生物质燃料热量占比计算方法，如采用正算法，核实各项生物质燃料热值取值来源。

（3）逻辑验证信息

按照燃煤发电机组基准线，掺烧生物质机组往往出现大量配额盈余。重点关注掺烧热量占比在10%左右的机组。

**化石燃料掺烧生物质发电机组二氧化碳排放量计算是否仅计算燃料燃烧部分?**

问题：对于化石燃料掺烧生物质（含污泥）发电的，企业是否仅需统计燃料中化石燃料的二氧化碳排放?

解释：对于化石燃料掺烧生物质（含污泥）发电的，企业仅统计燃料中化石燃料的二氧化碳排放，并应计算掺烧化石燃料热量年均占比。对于燃烧生物质锅炉与化石燃料锅炉产生蒸汽母管制合并填报的，在无法拆分时可按掺烧处理，统计燃料中全部化石燃料的二氧化碳排放，并应计算掺烧化石燃料热量年均占比。

## 4.3.2 热效率相关参数分析

### 4.3.2.1 综合热效率

（1）综合热效率的内涵

综合热效率用于热电联产机组，是指统计期内供热量和供电量的当量热量之和与总标准煤耗量对应热量的百分比。

综合热效率作为综合性指标暴露问题能力较强，涉及总热耗量、供热量、供电量、燃煤量、锅炉的热效率、管道效率、供热比、汽轮机组发电热效率等排放端数据与生产端数据，可以综合反映碳排放数据与碳排放配额的异常情况，可能涉及的问题有煤量失真、煤样检测失真、计量设备未校准等。

（2）逻辑验证信息

① 对于热电联产机组，存在以下规律：

$$\frac{\text{发电量}\times 3.6\text{GJ}+\text{供热量}}{\text{燃料消耗量}\times\text{低位发热量}}<1 \tag{4-14}$$

② 纯凝机组的发电效率一般小于45%。

③ 热电联产机组的综合热效率具有明显的季节特征：供暖季高于非供暖季，高出近20个百分点。

④ 研究显示，与单纯热电联产机组相比，经余热回收改造后的热电联产机

组在冬季的综合热效率显著提升，机组的用能方式得到改善，在最寒冷的1月有近9个百分点的上升量；机组夏季的综合热效率影响不显著。

#### 4.3.2.2 锅炉热效率

（1）锅炉热效率的内涵

锅炉热效率是指锅炉的有效利用热量占锅炉输入燃料低位发热量的百分比。

（2）逻辑验证信息

① 一般情况下，锅炉热效率一般小于等于95%。

② 对同一负荷机组来说，掺烧干化污泥会导致锅炉热效率呈现下降趋势，下降率约为0.2个百分点，干烟气热损失是导致锅炉热效率下降的主要原因。且掺烧污泥干化程度越高，锅炉效率降幅越小。

## 思考题

（1）燃料消耗量数据如何获取？优先序是怎样的？

（2）燃煤消耗量与元素碳检测周期不一致如何处理？

（3）供热量、发电量数据如何获取？如何识别数据的准确性？

（4）未实测水分应如何处理？

（5）发电量与机组装机容量、运行时间和负荷（出力）系数之间的关系是什么？

# 5 碳配额分析

碳排放配额是重点排放单位拥有的发电机组产生的二氧化碳排放限额，碳排放配额的分配是碳市场运行的关键，关系到碳市场的公平与效率，并最终影响到碳市场功能的发挥和目标的实现，开展企业碳排放配额影响分析是企业碳排放管理工作的重要内容。

企业日常碳排放管理工作中存在诸多共性问题，对这些问题进行归纳分析并给出针对性解决意见，对于提高企业碳排放数据质量、提高碳排放管理效率具有重要意义。

本章对碳配额主要分配方式进行了详细介绍，总结了不同分配方式的优缺点，并梳理分析了我国的碳配额分配方式。在第 4 章基础上，综合分析碳排放核算边界以及八个重点参数、九个辅助参数等因素对碳排放配额的影响，并对碳排放配额进行盈亏预测，以问答形式对疑难问题进行了重点解析，并以案例形式对碳排放配额影响因素进行了具体解读。

## 5.1 碳配额分配方式分析

碳配额是指经政府主管部门核定，企业所获得的一定时期内向大气中排放温室气体（以二氧化碳当量计）的总量。碳配额分配是主管部门对碳排放权进行监管的关键环节，对企业参与碳排放交易体系的成本有决定性的作用。

### 5.1.1 碳配额分配方式

碳配额分配方式可以分为有偿分配、无偿分配和混合分配三种。

有偿分配主要通过配额拍卖方式进行。拍卖是一种简单方便且行之有效的分配方式，具有灵活性和公平性，可以补偿受到气候变化影响的个人和组织，体现了环境容量有偿使用的特点。然而，拍卖方式需要先行支付资金，这些成本会对企业造成额外负担。

无偿分配，即免费分配，分为基准线法和历史排放法。基准线法，也称标杆法，是基于行业碳强度标杆与产量或产值的一种分配方式。历史排放法，也称祖父法，是基于历史排放水平的分配方式，适合经济水平发展稳定的地区。

大多数碳市场在初期阶段采用高比例的无偿分配方式，以减少碳市场对企业的冲击。无偿分配不会额外增加企业的成本负担，从而保证了碳市场参与度，尤其适用于易受贸易冲击的能源密集型行业。然而，无偿分配也存在很多缺点，例如引起价格扭曲、降低市场流动性、产生不公平性等，而且基于历史排放水平的免费分配会带来"历史排放多，配额分配多"等具有争议的情形。相较之下，碳配额拍卖机制具有提高信息透明度、增加市场流动性、快速发现价格、有效配置资源等优势；若能合理利用拍卖收入，还可以减少扭曲性税收或激励减排技术创新，产生环境和经济的"双重红利"。碳市场的拍卖制度在理论上已经较为成熟，但是在落地实施过程中仍需考虑诸多因素。尽管拍卖机制有众多优点，但也存在企业成本负担高、影响行业的竞争力、存在碳泄漏的风险等缺点，这使得拍卖机制在实施过程中，尤其是对于经济正处于中高速发展阶段的发展中国家，存在较大阻力。目前大部分比较成熟的碳市场已开展了"免费分配与拍卖相结合"的配额分配实践。

### 5.1.2 我国碳配额分配方式

我国碳市场碳配额以免费分配为主，小部分配额为有偿分配，其中主要是拍卖分配，地方碳市场进行了拍卖的尝试。

碳配额总量不是每年固定的。配额总量是纳入全国碳排放权交易市场企业的排放上限，根据全国碳排放权交易市场覆盖范围、国家重大产业发展布局、经济增长预期和控制温室气体排放目标等因素确定，具体按照"自下而上"的方法设定，即由各省级、计划单列市生态环境主管部门分别核算本行政区域内各重点排放单位配额数量，加总形成本行政区域配额总量基数；国务院生态环境主管部门以各地配额基数审核加总为基本依据，综合考虑有偿分配、市场调节、重大建设项目等需要，最终研究确定全国配额总量。每年各地会根据应对气候变化目标、经济增长趋势、行业减排潜力、历史配额供需情况等因素，调整年度配额总量。

我国碳市场配额核定方法不是固定的。2023 年 3 月 13 日，生态环境部发布了《关于做好 2021、2022 年度全国碳排放权交易配额分配相关工作的通知》

（国环规气候〔2023〕1号），编制了《2021、2022年度全国碳排放权交易配额总量设定与分配实施方案（发电行业）》，对发电行业碳配额预分配、调整、核定等工作作出具体规定，要求各省级生态环境主管部门要通过全国碳市场管理平台分别计算本行政区域内纳入配额管理的所有发电机组2021、2022年度预分配配额量。2021、2022年度配额实行免费分配，采用基准法核算机组配额量。2024年10月，生态环境部印发《2023、2024年度全国碳排放权交易发电行业配额总量和分配方案》（以下简称《配额方案》）。《配额方案》指出，2023、2024年度配额全部实行免费分配，采用基准法并结合机组层面豁免机制核定机组应发放配额量。将重点排放单位拥有的所有机组对应的年度应发放配额量加总，并结合重点排放单位层面豁免机制得到各重点排放单位年度应发放配额量。将各省级行政区域内重点排放单位年度应发放配额量加总得到本行政区域年度应发放配额量。将各省级行政区域年度应发放配额量加总最终确定各年度全国应发放配额总量。

随着全国碳市场在实现碳达峰碳中和目标中的地位和作用进一步提高，碳市场将经历从免费分配向有偿分配的过渡，设计一套符合中国具体国情的、平衡市场效率和成本负担的碳市场拍卖机制对于推动企业参与碳市场交易、规范碳市场运营发展、充分发挥碳市场在实现“双碳”目标中的作用具有重要意义。

## 5.2 碳配额影响因素分析

### 5.2.1 碳排放核算边界分析

核算边界的大小直接关系到企业碳排放配额的分配，开展企业生产基本情况调查，查看企业基本信息、机组及生产设施信息、生产经营变化情况与排放报告是否一致，核实企业核算边界是否真实、完整。

#### 5.2.1.1 企业基本信息

通过查看重点排放单位营业执照、环境影响评价及批复文件、排污许可证及副本、项目核准批复、电力业务许可证等审批文件，核实重点排放单位名称、统一社会信用代码、法定代表人、生产经营场所地址、纳入全国碳市场的行业子类等基本信息是否真实、准确。

通过查阅重点排放企业组织机构图、厂区平面图、排放标记源输入与输出的工艺流程图及工艺流程描述、固定资产管理台账、主要用能设备清单并查阅可行性研究报告及批复、相关环境影响评价报告及批复、排污许可证、承包合同、租赁合同等，确认企业核算边界的合理性。

该环节常见问题为将其他法人企业发电设施纳入核算和报告范围，人为扩大企业核算边界，严重影响碳排放配额及碳排放量的计算。

**将其他法人企业发电设施纳入核算和报告范围对配额有何影响?**

某发电企业在温室气体核算报告中，将相邻企业的其他法人的发电设施纳入核算和报告范围，如图 5-1 所示，预估金额单价按照目前市场价 45 元每吨计算，详细结果见表 5-1，碳排放量和碳排放分配配额的偏差分别为 123.76%和 186.71%。按违规边界核算后，该企业的碳排放配额由亏转盈，获利由亏损 137 万元转为盈余 302 万元。

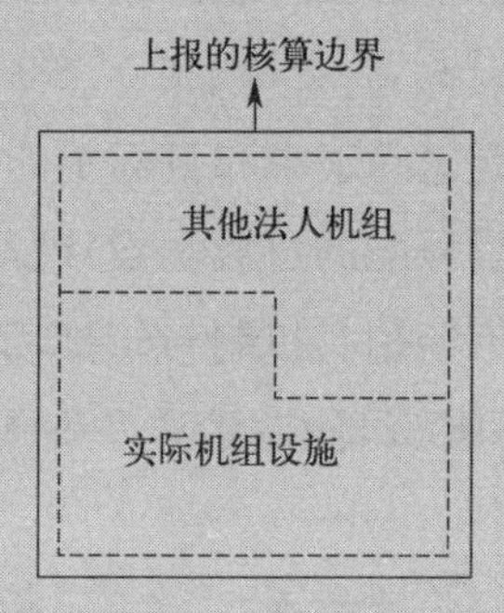


图 5-1　其他法人企业发电设施纳入核算和报告范围

**表 5-1　其他法人企业发电设施纳入核算和报告范围**

| | 按实际边界核算 | 按违规边界核算 |
|---|---|---|
| 碳排放量/t | 246227.0303 | 550953.5129 |
| 碳排放分配配额/t | 215586.7189 | 618113.4128 |
| 配额盈(+)亏(-)/t | −30640.3114 | 67159.8999 |
| 获利盈(+)亏(-)/元 | −1378814.013 | 3022195.496 |

### 5.2.1.2　机组及生产设施信息

企业的碳排放配额，归根结底是机组的碳排放配额，因此机组基本信息的核实对配额的准确性具有重要意义。

通过查看厂区平面图、工艺流程图、主要用能设备清单等文件，核实重点排放单位核算边界内生产设施填写是否真实、完整；通过查看企业机组信息，判断是否存在多报、漏报机组；核算边界内装置化石燃料消耗及购入使用电力是否纳入核算和报告范围；机组类型、装机容量、冷却方式等与排污许可证、电力业务许可证、现场铭牌检查是否一致；机组规模是否与实际上报机组存在较大出入且存在主观故意；是否存在机组变化情况，包括机组合并、分立、关停或搬迁情况；是否纳入了配额分配方案明确不纳入的机组类型等。

《配额方案》规定，纳入配额管理的机组判定标准详见表 5-2。

**表 5-2　纳入配额管理的机组判定标准**

| 机组类别 | 判定标准 |
| --- | --- |
| 300MW 等级以上常规燃煤机组 | 以烟煤、褐煤、无烟煤等常规电煤为主体燃料且额定功率不低于400MW 的发电机组 |
| 300MW 等级以下常规燃煤机组 | 以烟煤、褐煤、无烟煤等常规电煤为主体燃料且额定功率低于 400MW 的发电机组 |
| 燃煤矸石、煤泥、水煤浆等非常规燃煤机组(含循环流化床机组) | 以煤矸石、煤泥、水煤浆等非常规电煤为主体燃料(完整履约年度内，非常规燃料热量年均占比均应超过 50%)的发电机组(含燃煤循环流化床机组) |
| 燃气机组 | 以天然气为主体燃料(完整履约年度内，其他掺烧燃料热量年均占比不超过 10%)的发电机组 |

资料来源：《2023、2024 年度全国碳排放权交易发电行业配额总量和分配方案》。

要特别关注掺烧发电机组，特别是掺烧生物质热量占比超过 10%的情况。该环节常见问题为瞒报应纳入核算和报告范围的发电设施。

《配额方案》规定，暂不纳入配额管理的机组判定标准如表 5-3 所示。

**表 5-3　暂不纳入配额管理的机组判定标准**

| 机组类别 | 判定标准 |
| --- | --- |
| 生物质发电机组 | 纯生物质发电机组(含垃圾、污泥焚烧发电机组) |
| 掺烧发电机组 | 生物质掺烧化石燃料机组：完整履约年度内，掺烧化石燃料且生物质(含垃圾、污泥)燃料热量年均占比高于 50%的发电机组(含垃圾、污泥焚烧发电机组)；<br>化石燃料掺烧生物质(含垃圾、污泥)机组：完整履约年度内，掺烧生物质(含垃圾、污泥)热量年均占比超过 10%且不高于 50%的化石燃料发电机组；<br>化石燃料掺烧自产二次能源机组：完整履约年度内，混烧自产二次能源热量年均占比超过 10%的化石燃料燃烧发电机组 |
| 特殊燃料发电机组 | 仅使用煤层气(煤矿瓦斯)、兰炭尾气、炭黑尾气、焦炉煤气(荒煤气)、高炉煤气、转炉煤气、石油伴生气、油页岩、油砂、可燃冰等特殊化石燃料的发电机组 |
| 使用自产资源发电机组 | 仅使用自产废气、尾气、煤气的发电机组 |
| 其他特殊发电机组 | 燃煤锅炉改造形成的燃气机组(直接改为燃气轮机的情形除外)；<br>燃油机组、整体煤气化联合循环发电(IGCC)机组、内燃机组；<br>在发放年度核定配额已关停的机组 |

资料来源：《2023、2024 年度全国碳排放权交易发电行业配额总量和分配方案》。

**如何识别瞒报应纳入核算和报告范围的发电设施?**

某发电厂机组包含 4 台 300MW 燃煤机组及 1 台 300MW 掺烧化石燃料的生物质发电机组。该发电厂的温室气体排放核算报告中指出，300MW 的生物质发电机组的生物质掺烧热量占比为 14%，故未纳入核算范围。核查过程中发现，该生物质机组的锅炉效率实测值为 91.98%，锅炉产热量为 $4300\times10^4$GJ，燃煤消耗量 $194.5\times10^4$t，低位发热量 22.623GJ/t。

该生物质发电机组的生物质掺烧热量占比计算公式如式(5-1) 所示。

$$P_{\text{biomass}}=\frac{Q_{\text{cr}}\div\eta_{\text{gl}}-\sum_{i=1}^{n}(\text{FC}_i\times\text{NCV}_{\text{ar},i})}{Q_{\text{cr}}\div\eta_{\text{gl}}}\times100\%$$

$$=\frac{4300\times10^4\div91.98\%-194.5\times10^4\times22.623}{4300\times10^4\div91.98\%}=5.88\% \tag{5-1}$$

式中 $P_{\text{biomass}}$——机组的生物质掺烧热量占机组总燃料热量的比例。

$Q_{\text{cr}}$——锅炉产热量，GJ。

$\text{FC}_i$——第 $i$ 种化石燃料的消耗量 [对固体或液体燃料，单位为 t；对气体燃料 (标准状况)，单位为 $10^4\text{m}^3$]。

$\text{NCV}_{\text{ar},i}$——第 $i$ 种化石燃料的收到基低位发热量 [对固体或液体燃料，单位为 GJ/t；对气体燃料 (标准状况)，单位为 $\text{GJ}/10^4\text{m}^3$]。

$\eta_{\text{gl}}$——锅炉的热效率，%。

经核算，该生物质发电机组的生物质掺烧热量占比为 5.88%，未超过 10%，应纳入配额管理。该公司涉嫌瞒报应纳入核算和报告范围的发电设施。

#### 5.2.1.3 生产经营变化情况

该环节最常见的问题是因生产经营变化导致发电设施有所调整，核算边界发生变化但未及时体现在核算报告上，导致碳排放量及碳排放配额数据不准确。

通过与重点排放单位管理人员和排放报告联系人交流，查阅合并、分立、关停或迁出核定文件，现场观察发电设施（包括燃烧系统、汽水系统、电气系统、控制系统以及除尘脱硫脱硝装置等）等方式确认：重点排放单位在核算年度是否存在合并、分立、关停和搬迁的情况；发电设施地理边界较上一年度是否存在变化；既有发电设施在核算年度是否存在关停的情况；确认核算年度较上一年度是否有新增机组；查阅机构简介、组织结构图、厂区平面图、电力业务许可证、发电设施清单、项目批复、环评批复等文件。与信息平台中的信息对比，确认发电设施信息的一致性。

## 5.2.2 相关参数的影响分析

依据《配额方案》，由碳排放配额计算公式可知，碳排放配额与生产端的机组供热量、发电量直接相关，与机组调峰修正系数、机组额定容量、运行时间等间接相关。

### 5.2.2.1 生产产量影响分析

（1）供热量影响分析

供热量未安装流量计直接计量，而是使用设计值计算，导致计算所得供热量偏大，进而导致配额超发。

**供热量选择错误对配额有什么样的影响?**

某热电联产发电厂，拥有 4 台 400t/h 锅炉，在计算 2022 年供热量时，未按照规定选择实测值，而是选用锅炉设计值，依据该年度供热碳排放基准值（0.1105t$CO_2$/GJ）计算供热碳排放配额量，导致配额超发，详细参数见表 5-4。

**表 5-4 供热量数值选取错误**

| | 供热量/$10^4$GJ | 碳排放配额/$10^4$t |
|---|---|---|
| 实测值 | 1198 | 132 |
| 设计值 | 1550 | 171 |
| 偏差 | 30% | 30% |

（2）发电量影响分析

《配额方案》文件明确，配额计算时将“供电量”替换为直接读表的“发电量”。纯凝发电机组的供电量为发电量与厂用电量之差；热电联产机组的供电量为发电量与发电厂用电量之差。发电量高于供电量，配额计算时误用为供电量将减少碳排放配额的核算。

**发电量数值选取错误有什么影响?**

某电厂自有 1 台 300MW 常规燃煤机组，核算 2023 年碳排放配额时未按照文件要求采用最新核算方案，仍采用供电量[0.8090t$CO_2$/(MW·h)]计算发电 $CO_2$ 配额，与使用发电量计算相比统计偏差 $6\times10^4$MW·h，假设市场上配额价格为 80 元每吨，请问发电量数值选取错误造成的经济损失有多少?

将发电量按照供电量计算，配额核算减少 $6\times10^4\times0.8090=4.85\times10^4$（t$CO_2$），造成经济损失 $4.85\times10^4\times80=388.00$（万元）。

#### 5.2.2.2 机组调峰修正系数影响分析

考虑机组参与调峰对碳排放强度的影响，《配额方案》中配额分配引入调峰修正系数对燃煤机组低负荷运行时的配额进行补偿。

机组调峰修正系数与机组类别以及统计期内机组负荷（出力）系数相关。对于常规燃煤机组，若机组的负荷（出力）系数 $F<65\%$，则机组调峰修正系数计算公式如(5-2) 所示：

$$F_1=1.015^{(16-20F)} \tag{5-2}$$

式中 $F_1$——机组调峰修正系数；

$F$——机组负荷（出力）系数。

其他类别机组调峰修正系数为 1。

由式(4-13) 可知，机组负荷（出力）系数与机组发电量、机组额定容量以及运行小时数相关。机组的负荷（出力）系数 $F<65\%$的情况下，机组额定容量一定，机组的发电 $CO_2$ 配额与运行时间成正比。

**机组运行时长对配额有什么影响?**

问题：甲乙两个火力发电厂各自拥有 1 台 300MW 常规热电联产机组，2023 年全年发电量均为 $140\times10^4$MW·h。甲发电厂机组由于参与电力调峰实际运行时长 11 个月，每天 24h；乙发电厂机组由于参与电力调峰及设备检修等实际运行时间为 10 个月。请问两个发电厂发电配额差距多少?

解释：按照每个月 30 天计算，甲发电厂机组实际运行时长 $11\times30\times24=7920$(h)，乙发电厂机组实际运行时长 $10\times30\times24=7200$(h)。

甲发电厂机组负荷（出力）系数为$\dfrac{140\times10^4}{300\times7920}=58.92\%$，机组调峰修正系数为 $1.015^{(16-20\times58.92\%)}=1.065$，发电 $CO_2$ 配额为 $140\times10^4\times0.8090\times1.065=120.62\times10^4$(t)。

乙发电厂机组负荷（出力）系数为$\dfrac{140\times10^4}{300\times7200}=64.81\%$，机组调峰修正系数为 $1.015^{(16-20\times64.81\%)}=1.046$，发电 $CO_2$ 配额为 $140\times10^4\times0.8090\times1.046=118.47\times10^4$(t)。

甲发电厂比乙发电厂发电配额多 $120.62\times10^4-118.47\times10^4=2.15\times10^4$(t)。

### 5.2.3 对配额盈亏预测分析

#### 5.2.3.1 总体平衡值分析

我国碳排放配额分配基于排放强度设计，引入总体平衡值。总体平衡值又可称为盈亏平衡值，是各类机组碳排放配额量与经核查碳排放量平衡时对应的碳排放强度值，是各类机组配额盈亏完全平衡时对应的基准值，是制定供电、供热基准值的重要依据。平衡值代表整个市场处于供需平衡的状态，可以理解为某一年整个市场所有企业的总碳排放量是10000t，配额的发放也是10000t，该状态下的供电碳排放强度值与供热碳排放强度值就是盈亏平衡点。

在盈亏平衡点基础上，按照配额富余和短缺量总体平衡、不额外增加行业负担、鼓励先进、惩罚落后的原则，综合考虑鼓励民生供热、参与电力调峰和提高能效等因素确定供电、供热基准值，配额分配的基准值与发电行业实际供电、供热碳排放强度基本相当。

供电基准值与供热基准值由生态环境部科学设定，近年来随着火电行业碳排放实测比例上升，供电、供热能耗强度和碳排放强度下降，结合预期政策目标、技术进步、电源结构优化、能源供应、民生保障等因素，我国碳排放基准值不断调整，详见表5-5。

按照生态环境部文件要求，鉴于发电企业每年间接排放量在行业总量中的占比不足0.1%，且“供电量”参数涉及参数多、核算核查难度大，2023、2024年度由供电基准值调整为发电基准值。与2022年相比，2023年所有机组的发（供）电基准值均有较大幅度下降，最大下降幅度达15.28%。2023年基准值与平衡值之间，除燃气机组外，不同类别机组的供热基准值和发电基准值均低于对应平衡值，体现了“保供”与“鼓励先进、惩罚落后”的思想。

对固定类别的发电机组，分析本年度总体平衡值与基准值之间的关系，即可了解配额的整体盈亏情况。

**配额盈亏如何预测?**

问题：假定2021年度300MW等级及以下常规燃煤纯凝发电机组的总排放是$10\times10^8$t，300MW等级及以上常规燃煤纯凝发电机组的总排放是$20\times10^8$t，该年度上述不同类型机组的碳排放配额盈亏情况如何?

解释：由表5-5可知，2021年度300MW等级及以下常规燃煤机组基准值比平衡值低1.65%，则该年度该类型机组的碳排放亏损$10\times10^8\text{t}\times1.65\%=1650\times10^4\text{t}$。

2021年度300MW等级及以上常规燃煤机组基准值比平衡值高0.10%，则该年度该类型机组的碳排放富余$20\times10^8\text{t}\times0.10\%=200\times10^4\text{t}$。

**表 5-5　2019—2024 年碳排放基准值**

| 参数对比 | 机组类别 | 2019—2020 年 | 2021 年度 | | | | 2022 年度 | | 2023 年度 | | | | 2024 年度 | |
|---|---|---|---|---|---|---|---|---|---|---|---|---|---|---|
| | | 基准值 | 平衡值 | 基准值 | 同比 | 基准值与平衡值偏差 | 基准值 | 同比 | 平衡值 | 基准值 | 同比 | 基准值与平衡值偏差 | 基准值 | 同比 |
| 发(供)电 | 300MW 等级以上常规燃煤机组 | 0.8770 $tCO_2$/(MW·h) | 0.8210 $tCO_2$/(MW·h) | 0.8218 $tCO_2$/(MW·h) | −6.29% | 0.10% | 0.8177 $tCO_2$/(MW·h) | −0.50% | 0.7982 $tCO_2$/(MW·h) | 0.7950 $tCO_2$/(MW·h) | −2.78% | −0.40% | 0.7910 $tCO_2$/(MW·h) | −0.50% |
| | 300MW 等级及以下常规燃煤机组 | 0.9790 $tCO_2$/(MW·h) | 0.8920 $tCO_2$/(MW·h) | 0.8773 $tCO_2$/(MW·h) | −10.39% | −1.65% | 0.8729 $tCO_2$/(MW·h) | −0.50% | 0.8155 $tCO_2$/(MW·h) | 0.8090 $tCO_2$/(MW·h) | −7.32% | −0.80% | 0.8049 $tCO_2$/(MW·h) | −0.51% |
| | 燃煤矸石、水煤浆等非常规燃煤机组(含燃煤循环流化床机组) | 1.1460 $tCO_2$/(MW·h) | 0.9627 $tCO_2$/(MW·h) | 0.9350 $tCO_2$/(MW·h) | −18.41% | −2.88% | 0.9303 $tCO_2$/(MW·h) | −0.50% | 0.8352 $tCO_2$/(MW·h) | 0.8285 $tCO_2$/(MW·h) | −10.94% | −0.80% | 0.8244 $tCO_2$/(MW·h) | −0.49% |
| | 燃气机组 | 0.3920 $tCO_2$/(MW·h) | 0.3930 $tCO_2$/(MW·h) | 0.3920 $tCO_2$/(MW·h) | 0.00% | −0.25% | 0.3901 $tCO_2$/(MW·h) | −0.48% | 0.3239 $tCO_2$/(MW·h) | 0.3305 $tCO_2$/(MW·h) | −15.28% | 2.04% | 0.3288 $tCO_2$/(MW·h) | −0.51% |

续表

| 参数对比 | 机组类别 | 2019—2020年 | 2021年度 | | | | 2022年度 | | 2023年度 | | | | 2024年度 | |
|---|---|---|---|---|---|---|---|---|---|---|---|---|---|---|
| | | 基准值 | 平衡值 | 基准值 | 同比 | 基准值与平衡值偏差 | 基准值 | 同比 | 平衡值 | 基准值 | 同比 | 基准值与平衡值偏差 | 基准值 | 同比 |
| 供热 | 300MW等级以上常规燃煤机组 | 0.1260 $tCO_2/GJ$ | 0.1110 $tCO_2/GJ$ | 0.1111 $tCO_2/GJ$ | −11.83% | 0.09% | 0.1105 $tCO_2/GJ$ | −0.54% | 0.1041 $tCO_2/GJ$ | 0.1038 $tCO_2/GJ$ | −6.06% | −0.29% | 0.1033 $tCO_2/GJ$ | −0.48% |
| | 300MW等级及以下常规燃煤机组 | 0.1260 $tCO_2/GJ$ | 0.1110 $tCO_2/GJ$ | 0.1111 $tCO_2/GJ$ | −11.83% | 0.09% | 0.1105 $tCO_2/GJ$ | −0.54 % | 0.1041 $tCO_2/GJ$ | 0.1038 $tCO_2/GJ$ | −6.06% | −0.29% | 0.1033 $tCO_2/GJ$ | −0.48% |
| | 燃煤矸石、水煤浆等非常规燃煤机组（含燃煤循环流化床机组） | 0.1260 $tCO_2/GJ$ | 0.1110 $tCO_2/GJ$ | 0.1111 $tCO_2/GJ$ | −11.83% | 0.09% | 0.1105 $tCO_2/GJ$ | −0.54% | 0.1041 $tCO_2/GJ$ | 0.1038 $tCO_2/GJ$ | −6.06% | −0.29% | 0.1033 $tCO_2/GJ$ | −0.48% |
| | 燃气机组 | 0.0590 $tCO_2/GJ$ | 0.0560 $tCO_2/GJ$ | 0.0560 $tCO_2/GJ$ | −5.08% | 0.00% | 0.0557 $tCO_2/GJ$ | −0.54% | 0.0525 $tCO_2/GJ$ | 0.0536 $tCO_2/GJ$ | −3.77% | 2.10% | 0.0533 $tCO_2/GJ$ | −0.56% |

### 5.2.3.2 配额盈亏分析步骤

碳排放的配额盈亏与核查碳排放量及核定分配配额相关，若核查碳排放量高于核定分配配额，则表现为配额亏损，反之为配额富余。在碳市场交易下，配额的盈亏与企业的利益直接相关，因此对企业配额盈亏预测分析具有重要意义。

按照《配额方案》文件要求，核定分配配额过程如下。

① 计算各机组初始配额量，公式如式(5-3) 所示。

$$A_{机初配}=A_{e}+A_{h}=Q_{e}\times B_{e}\times F_{1}+Q_{h}\times B_{h} \tag{5-3}$$

式中 $A_{机初配}$——机组初始配额量，$tCO_2$；

$A_e$——机组发电 $CO_2$ 配额量，$tCO_2$；

$A_h$——机组供热 $CO_2$ 配额量，$tCO_2$；

$Q_e$——机组发电量，MW·h；

$B_e$——机组所属类别的发电基准值，$tCO_2/(MW·h)$；

$F_1$——机组调峰修正系数；

$Q_h$——机组供热量，GJ；

$B_h$——机组所属类别的供热基准值，$tCO_2/GJ$。

② 核查各机组排放量，公式如式(5-4) 所示。

$$C_{机排}=\sum_{i=1}^{n}\left(FC_i\times C_{ar,i}\times OF_i\times\frac{44}{12}\right) \tag{5-4}$$

式中 $C_{机排}$——机组核查碳排放量，$tCO_2$；

$FC_i$——第 $i$ 种化石燃料的消耗量［对固体或液体燃料，单位为 t；对气体燃料（标准状况），单位为 $10^4m^3$］；

$C_{ar,i}$——第 $i$ 种化石燃料的单位热值含碳量，tC/GJ；

$OF_i$——第 $i$ 种化石燃料的碳氧化率，%。

③ 计算各机组核定配额量。

燃煤机组：$A_{机核配}=A_{机初配}$

燃气机组：若 $A_{机核配}\geqslant C_{机排}$，则 $A_{机核配}=A_{机初配}$；若 $A_{机核配}<C_{机排}$，则 $A_{机核配}=C_{机排}$

④ 计算重点排放单位初始配额量。

$$A_{初配}=\sum_{j=1}^{m}A_{机核配}$$

⑤ 计算重点排放单位核查排放量。

$$C_{排}=\sum_{j=1}^{m}C_{机排}$$

⑥ 确定重点排放单位额定配额量。

若 $A_{初配}\geqslant C_{排}\times80\%$，则 $A_{额配}=A_{初配}$；若 $A_{初配}<C_{排}\times80\%$，则 $A_{额配}=C_{排}\times80\%$。

⑦ 分析重点排放单位配额盈亏情况。

$$A_{余}=C_{排}-A_{额配}$$

对上述配额盈亏计算过程进行分析可知，配额盈亏与机组类别直接相关。总煤量确定的情况下，对碳排放配额盈亏起作用的即为机组调峰修正系数。由机组调峰修正系数计算公式（详见《配额方案》）可知，该系数的大小与机组类别及统计期内机组负荷（出力）系数有关。统计期内机组发电量影响机组负荷（出力）系数的高低。通过分析机组类别，对机组发电量、供热量、碳排放配额盈亏值进行建模，可分析配额的盈余情况。

**如何判断预计生产目标下热电联产企业碳排放配额盈亏状况?**

某电厂有 1 台 300MW 热电联产燃煤发电机组，2023 年度的供电量目标为 $180\times10^4$ MW·h，发电量目标为 $200\times10^4$ MW·h，供热量目标为 $40\times10^4$ GJ。依据往年供热煤耗、供电煤耗数据，推算达到上述目标总耗煤量 $A$ 约为 $80\times10^4$ t。煤种及掺烧情况与往年保持一致，单位热值含碳量按往年实测值 0.02635tC/GJ，燃煤低位发热量按照往年实测值 22.623GJ/t 计算，无外购电力，分析该企业预计生产目标下配额盈亏情况。

机组负荷（出力）系数为：

$$F=\frac{200\times10^4}{300\times24\times365}=76.10\%$$

机组负荷（出力）系数>65%，故机组调峰修正系数为 1，即 $F_1=1$。

重点排放单位额定核查排放量：

$$C_{排}=80\times10^4\times0.02635\times22.623\times99\%\times\frac{44}{12}=173.11\times10^4\,(\text{t})$$

重点排放单位初始配额：

$$A_{初配}=200\times10^4\times0.8090\times1+40\times10^4\times0.1038=165.95\times10^4\,(\text{t})$$

$$165.95\times10^4\,(\text{t})>173.11\times10^4\times80\%=138.49\times10^4\,(\text{t})$$

重点排放单位额定配额量：

$$A_{额配}=A_{初配}=165.95\times10^4(t)$$

碳排放配额盈余情况：

$$A_{余}=C_{排}-A_{额配}=173.11\times10^4-165.95\times10^4=7.16\times10^4(t)$$

$A_{余}>0$，说明该企业配额不足，需在碳市场购买配额。

对同一生产机组来说，在发电量逐年下调的生产方式下，发电量下调速率越大，发电配额的缺口越大；在供热量逐年上调的生产方式下，供热比越大，供热配额的盈余越大。

## 思考题

（1）碳排放配额的影响因素有哪些？

（2）企业碳排放核算边界如何影响碳排放配额的大小？

# 6 企业数据质量控制方案

数据质量控制方案是企业强化自身数据质量管理的重要抓手和依据，是将《核算报告指南》的相关要求落实为本企业碳排放管理举措的重要操作手册，有助于企业规范碳排放相关参数的获取、避免企业核算与报告的随意性、提升企业内部管理水平。本章对数据质量控制计划、数据质量控制管理要求和数据质量控制管理成效三部分展开了详细阐述。

企业数据质量控制计划的具体内容是需要关注的重点，是控制方案的制定和实施的大纲及指导性要求。通过制订和实施企业数据质量控制计划，企业能够明确记录数据质量控制计划的版本和修订情况，了解企业的生产规模、工艺流程、排放设施等基本信息，明确核算边界和主要排放设施情况，以及活动数据和排放因子的获取方式，确定监测设备的型号、性能、使用方法等，从而确保监测数据的准确性和可靠性。数据质量控制管理是对质量控制内容的具体解释和拓展，对控制计划执行过程中操作过程和流程进行了规范，同时也介绍了核查的要求和注意事项。本章最后介绍了数据质量控制管理的诸多成效，目前我国已建成有效的碳排放核算、报告与核查工作体系，特别是发电企业碳排放数据统计核算基础能力显著增强，碳排放报告的规范性、准确性、时效性大幅提升。

## 6.1 企业数据质量控制计划

### 6.1.1 数据质量控制计划的内容

重点排放单位应按照《核算报告指南》中各类数据监测与获取要求，结合现有测量能力和条件，制定数据质量控制计划，并按照要求进行填报。数据质量控制计划中所有数据的计算方式与获取方式应符合《核算报告指南》的要求。

数据质量控制计划应包括以下内容。

① 数据质量控制计划的版本及修订情况。

② 重点排放单位情况：包括重点排放单位基本信息、主营产品、生产工艺、组织机构图、厂区平面分布图、工艺流程图等。

③ 按照《核算报告指南》确定的实际核算边界和主要排放设施情况：包括核算边界的描述，设施名称、类别、编号、位置，以及多台机组拆分与合并填报情况等。

④ 煤炭元素碳含量、低位发热量等参数检测的采样、制样方案：其中，采样方案包括采样依据、采样点、采样频次、采样方式、采样质量和记录等；制样方案包括制样方法、缩分方法、制样设施、煤样保存和记录等。

⑤ 数据的确定方式应包括以下内容。

a. 参数：明确所有监测的参数名称和单位。

b. 参数获取：明确参数获取方式、频次，涉及的计算方法，是否采用实测或缺省值；对委外实测的，应明确具体委托协议方式及相关参数的检测标准。

c. 测量设备：明确测量设备的数量、型号、编号、精度、位置、测量频次、检定/校准频次以及所依据的检定/校准技术规范；明确测量设备的内部管理规定等。

d. 数据记录频次：明确各项参数数据记录频次。

e. 数据缺失处理：明确数据缺失处理方式，处理方式应基于审慎性原则且符合生态环境部相关规定。

f. 负责部门：明确各项数据监测、流转、记录、分析等环节的管理部门。

⑥ 数据内部质量控制和质量保证相关规定应包括以下内容。

a. 建立内部管理制度和质量保障体系，包括明确排放相关计量、检测、核算、报告和管理工作的负责部门及其职责、具体工作要求、工作流程等；指定专职人员负责温室气体排放核算和报告工作。

b. 建立内审制度，确保提交的排放报告和支撑材料符合技术规范、内部管理制度和质量保障要求。

c. 建立原始凭证和台账记录管理制度，规范排放报告和支撑材料的登记、保存和使用。

### 6.1.2 数据质量控制计划的修订

重点排放单位在以下情况下应按照在生态环境部规定的时限内对数据质量控

制计划进行修订，修订内容应符合实际情况并满足《核算报告指南》的要求：

① 排放设施发生变化或使用计划中未包括的新燃料或物料而产生的排放；

② 采用新的测量仪器和方法，使数据的准确度提高；

③ 发现之前采用的测量方法所产生的数据不正确；

④ 发现更改计划可提高报告数据的准确度；

⑤ 发现计划不符合《核算报告指南》核算和报告的要求；

⑥ 生态环境部明确的其他需要修订的情况。

### 6.1.3 数据质量控制计划的执行

重点排放单位应严格按照数据质量控制计划实施温室气体的测量活动，并符合以下要求：

① 发电设施基本情况与计划描述一致；

② 核算边界与计划中的核算边界和主要排放设施一致；

③ 所有活动数据、排放因子和生产数据能够按照计划实施测量；

④ 煤炭的采样、制样、检测化验能够按照计划实施；

⑤ 测量设备得到了有效的维护和校准，维护和校准能够符合计划、核算标准、国家要求、地区要求或设备制造商的要求，否则应采取符合保守原则的处理方法；

⑥ 测量结果能够按照计划中规定的频次记录；

⑦ 数据缺失时的处理方式能够与计划一致；

⑧ 数据内部质量控制和质量保证程序能够按照计划实施。

## 6.2 企业数据质量控制的管理要求

### 6.2.1 企业基本信息的管理要求

碳排放检查工作对企业基本信息的核查要点是核实重点排放单位排放报告年度内是否存在生产经营变化情况。查看企业是否存在生产经营变化情况，包括重点排放单位合并、分立、关停或搬迁情况；发电设施地理边界变化情况；主要生产运营系统关停或新增项目生产等情况；较上一年度变化，包括核算边界、排放源等变化情况。

**检查要点：**通过查看重点排放单位营业执照、环境影响评价及批复文件、排污许可证及副本、项目核准批复、电力业务许可证等审批文件，核实重点排放单位名称、统一社会信用代码、法定代表人、生产经营场所地址、纳入全国碳市场的行业子类等基本信息是否真实、准确。

排污许可证，是指排污单位向生态环境主管部门提出申请后，生态环境主管部门经审查发放的允许排污单位排放一定数量污染物的凭证。排污许可证属于环境保护许可证中的重要组成部分，而且被广泛使用。排污许可证由正本和副本构成。正本载明的基本信息包括排污单位名称、注册地址、法定代表人或者主要负责人、技术负责人、生产经营场所地址、行业类别、统一社会信用代码、有效期限、发证机关、发证日期、证书编号和二维码等基本信息。副本中可包含记录包括：主要生产设施、主要产品及产能、主要原辅材料等；产排污环节、污染防治设施等；环境影响评价审批意见、依法分解落实到本单位的重点污染物排放总量控制指标、排污权有偿使用和交易记录等。

电力业务许可证，是发电项目拥有发电权利的法定凭证，其中标明了有关部门统一编排的许可证编号、许可证有效日期、机组情况等信息，确保许可证与被许可人持有发电项目的情况严格对应。根据相关法律、行政法规的规定，在中华人民共和国境内从事电力业务，应当按照《电力业务许可证管理规定》的条件、方式取得电力业务许可证。除规定的特殊情况外，任何单位或者个人未取得电力业务许可证，不得从事电力业务。电力业务许可证的推行是为了加强电力业务的管理，规范电力业务的许可行为，维护电力市场的秩序，保障电力系统的安全、优质、经济运行。这一举措旨在确保从事电力业务的企业和个人都经过审查和批准，符合相关的法律和行政法规要求，从而提升电力行业的整体运营效率和安全性。

电力行业是一个复杂的系统，它涉及将自然界的一次能源通过机械能装置转化成电力，再经输电、变电和配电将电力供应到各用户。这个过程中，电力产生的方式多种多样，主要包括火力发电（如煤等可燃烧物）、太阳能发电、大容量风力发电、核能发电、氢能发电、水力发电等。根据国家统计局制定的《国民经济行业分类》（GB/T 4754—2017），我国电力行业进一步细分为电力生产行业以及电力供应行业。其中，电力生产行业又包括火力发电、热电联产、水力发电、核力发电、风力发电、太阳能发电、生物质能发电以及其他电力生产共八个子行业。这些子行业的划分反映了电力生产的不同技术和能源来源，以及电力在传输和分配过程中的不同阶段。其中，纳入全国碳市场的行业子类包括火力发电（4411）、热电联产（4412）、生物质能发电（4417）。

火力发电指利用煤炭、石油、天然气等燃料燃烧产生的热能，通过火电动力装置转化成电能的生产活动。基本生产过程是：燃料在燃烧时加热水生成蒸汽，将燃料的化学能转化成热能，蒸汽压力推动汽轮机旋转，热能转化成机械能，然后汽轮机带动发电机旋转，将机械能转化成电能。

热电联产是一种能源利用方式，它同时生产电力和有用的热量。这种技术利用热机或发电站，通过共享能源余热来提高能源利用效率。热电联产系统通常由燃料供应系统、发电系统、热力供应系统和控制系统组成。在运行过程中，燃料经过燃烧产生高温高压气体，这些气体驱动发电机发电，同时产生的废热被收集并用于供热，如供暖、供水或加热。热电联产的优势在于其具有高效能、低能耗和环境友好的特点。相比传统的电力和供热分离的生产方式，热电联产能够大幅度提高燃料的利用效率，减少能源浪费，并减少对环境的影响。这种技术不仅提供电力，也满足供热需求，对环境产生较小的影响，因此在工业、商业和住宅领域有广泛应用。

生物质发电是利用生物质所具有的生物质能进行的发电，是可再生能源发电的一种，包括农林废弃物直接燃烧发电、农林废弃物气化发电、垃圾焚烧发电、垃圾填埋气发电、沼气发电。生物质能发电可以有效减少化石燃料的使用，降低温室气体排放，有助于减缓全球气候变化。生物质能发电的固体燃料低灰低硫，氮氧化物、二氧化硫、二氧化碳以及烟尘颗粒的排放远低于燃煤发电，从而减少空气污染，改善环境质量。生物质能的发展还有助于推动能源转型和绿色低碳发展，在全球应对气候变化的背景下，生物质能作为一种低碳、环保的能源形式，对于实现碳中和目标、推动能源结构的优化和升级具有重要意义。

重点排放单位基本信息表见表 6-1。

**表 6-1 重点排放单位基本信息表**

| | |
|---|---|
| 重点排放单位名称 | |
| 统一社会信用代码 | |
| 单位性质(营业执照) | |
| 法定代表人姓名 | |
| 注册日期 | |
| 注册资本(万元人民币) | |
| 注册地址 | |

续表

| | |
|---|---|
| 生产经营场所地址(省、市、县详细地址) | |
| 发电设施经纬度 | |
| 报告联系人 | |
| 联系电话 | |
| 电子邮箱 | |
| 报送主管部门 | |
| 行业分类 | 发电行业 |
| 纳入全国碳市场的行业子类 | 4411(火力发电)、4412(热电联产)、4417(生物质能发电) |
| 生产经营变化情况 | 至少包括:<br>a. 重点排放单位合并、分立、关停或搬迁情况;<br>b. 发电设施地理边界变化情况;<br>c. 主要生产运营系统关停或新增项目生产等情况;<br>d. 较上一年度变化,包括核算边界、排放源变化情况 |
| 本年度编制温室气体报告的技术服务机构名称 | |
| 本年度编制温室气体报告的技术服务机构统一社会信用代码 | |
| 本年度提供煤质分析报告的检验检测机构/实验室名称 | |
| 本年度提供煤质分析报告的检验检测机构/实验室统一社会信用代码 | |

数据来源:《企业温室气体排放核算与报告指南 发电设施》。

对重点排放单位基本信息的核查要点主要通过查阅机构简介、组织结构图、厂区平面图、电力业务许可证、发电设施清单、项目批复、环评批复等文件,还可查阅有关联的服务协议及网站,并与联系人现场交流确认。

## 6.2.2 检测规范和测量设施的管理要求

**检查要点:** 设施检查要求在入炉煤皮带、制样室、存样室和化验室等地点进行现场走访,对照企业质量控制方案,观察并询问采样、制样、存样、化验设施是否齐备、符合要求,以及查看是否建立采样、制样、存样、化验环节制度规范,有无相关人员培训或考核证明。

### 6.2.2.1 各环节的制度规范

采样环节的规范,人工采取方法需参照《商品煤样人工采取方法》(GB

475)。采样时应考虑煤的变异性、采取的总样数目、总样的子样数目以及与标称最大粒度相应的试样质量。机械采样参照《煤炭机械化采样　第1部分：采样方法》(GB/T 19494.1)，采样的基本要求是被采样批煤的所有颗粒都可能进入采样设备，每一个颗粒都有相等的概率被采入煤样中。

制样环节规范要求可参考《煤炭机械化采样　第2部分：煤样的制备》(GB/T 19494.2)。煤样一般可分为全水分煤样、一般分析试验煤样、全水分和一般分析试验共用煤样、粒度分析煤样，以及其他试验如哈氏可磨性指数测定、二氧化碳化学反应性测定等煤样。每种煤样都有专门的制备过程和对应的要求。

存样环节要求在原始煤样制备的同时，用相同的程序于一定的制样阶段分取。如无特殊要求，一般可以标称最大粒度为3mm的煤样700g作为存查煤样。存查煤样应尽可能少缩分，缩分到最大可储存量即可；也不要过多破碎，破碎到最大储存质量相应的标称最大粒度即可。同时要求所有涉及《核查报告指南》中元素碳含量、低位发热量检测的煤样，应留存每日或每班煤样，从报出结果之日起保存2个月备查；月缩分煤样应从报出结果之日起保存12个月备查。

化验环节主要检测全硫、发热量、煤的水分（全水分、分析水）、灰分、挥发分、固定碳、碳、氢、灰熔融性、炉渣含碳量、焦煤、石油焦、型煤等相关项目。对于碳排放核算，化验应重点关注元素碳含量、低位发热量、水分检测数据是否真实、有效。其中，燃煤的碳氧化率不区分煤种取99%，燃油和燃气的碳氧化率采用表6-2中各燃料品种对应的缺省值。

燃煤、燃油和燃气的低位发热量的测定采用表6-3所列的方法标准。具备检测条件的重点排放单位可自行检测，或委托有资质的机构进行检测。

**表6-2　常用化石燃料相关参数缺省值**

| 能源名称 | 计量单位 | 低位发热量⑥ | 单位热值含碳量/(tC/GJ) | 碳氧化率/% |
|---|---|---|---|---|
| 原油 | t | 41.816①/(GJ/t) | 0.02008② | 98② |
| 燃料油 | t | 41.816①/(GJ/t) | 0.0211② | |
| 汽油 | t | 43.070①/(GJ/t) | 0.0189② | |
| 煤油 | t | 43.070①/(GJ/t) | 0.0196② | |
| 柴油 | t | 42.652①/(GJ/t) | 0.0202② | |
| 其他石油制品 | t | 41.031④/(GJ/t) | 0.0200③ | |
| 液化石油气 | t | 50.179①/(GJ/t) | 0.0172③ | |
| 液化天然气 | t | 51.498⑤/(GJ/t) | 0.0172③ | |
| 炼厂干气 | t | 45.998①/(GJ/t) | 0.0182② | |

续表

| 能源名称 | 计量单位 | 低位发热量[⑥] | 单位热值含碳量/(tC/GJ) | 碳氧化率/% |
|---|---|---|---|---|
| 天然气(标准状态) | $10^4m^3$ | 389.31[①]/($GJ/10^4m^3$) | 0.01532[②] | 99[②] |
| 焦炉煤气(标准状态) | $10^4m^3$ | 173.54[④]/($GJ/10^4m^3$) | 0.0121[③] | |
| 高炉煤气(标准状态) | $10^4m^3$ | 33.00[④]/($GJ/10^4m^3$) | 0.0108[③] | |
| 转炉煤气(标准状态) | $10^4m^3$ | 84.00[④]/($GJ/10^4m^3$) | 0.0496[③] | |
| 其他煤气(标准状态) | $10^4m^3$ | 52.27[①]/($GJ/10^4m^3$) | 0.0122[③] | |

① 数据取值来源为《中国能源统计年鉴 2021》。

② 数据取值来源为《省级温室气体清单编制指南（试行）》。

③ 数据取值来源为《2006 年 IPCC 国家温室气体清单指南》。

④ 数据取值来源为《中国温室气体清单研究》。

⑤ 数据取值来源为《综合能耗计算通则》(GB/T 2589)。

⑥ 根据国际蒸汽表卡换算，热功当量值取 4.1868kJ/kcal（1kcal=4.1868kJ)。

资料来源：《企业温室气体排放核算与报告指南　发电设施》。

**表 6-3　低位发热量测定方法标准**

| 序号 | 燃料种类 | 方法标准名称 | 方法标准编号 |
|---|---|---|---|
| 1 | 燃料 | 煤的发热量测定方法 | GB/T 213 |
| 2 | 燃油 | 火力发电厂燃料试验方法　第 8 部分:燃油发热量的测定 | DL/T 567.8 |
| 3 | 燃气 | 天然气　发热量、密度、相对密度和沃泊指数的计算方法 | GB/T 11062 |

燃料低位发热量的测定还包括以下要求。

① 燃煤的收到基低位发热量应优先采用每日入炉煤检测数值；不具备入炉煤检测条件的，采用每日或每批次入厂煤检测数值；已有入炉煤检测的，不应改为采用入厂煤检测结果。

② 当某日或某批次燃煤收到基低位发热量无实测时，或测定方法均不符合表 6-3 要求时，该日或该批次的燃煤收到基低位发热量应不区分煤种取 26.7GJ/t。

③ 燃油、燃气的低位发热量应至少每月检测。如果某月有多于一次的实测数据，宜取算术平均值作为该月的低位发热量数值；无实测时采用供应商提供的检测报告中的数据，或采用表 6-2 规定的各燃料品种对应的缺省值。

燃煤元素碳含量的测定采用表 6-4 所列的方法标准。具备检测条件的重点排放单位可自行检测，或委托有资质的机构进行检测。

燃煤元素碳含量的测定还包括以下要求。

① 燃煤元素碳含量应优先采用每日入炉煤检测数值。已委托有资质的机构进

行入厂煤品质检测，且元素碳含量检测方法符合《核算报告指南》要求的，可采用每月各批次入厂煤检测数据加权计算得到当月入厂煤元素碳含量数值。不具备每日入炉煤检测条件和入厂煤品质检测条件的，应每日采集入炉煤缩分样品，每月将获得的日缩分样品混合，用于检测其收到基元素碳含量。每月样品采集之后应于40个自然日内完成对该月样品的检测。检测样品的取样要求和相关记录应包括取样依据（方法标准）、取样点、取样频次、取样量、取样人员和保存情况等。

**表 6-4 燃煤元素碳含量测定方法标准**

| 序号 | 项目 | 方法标准名称 | 方法标准编号 |
|---|---|---|---|
| 1 | 采样 | 商品煤样人工采取方法 | GB/T 475 |
| | | 煤炭机械化采样 第1部分:采样方法 | GB/T 19494.1 |
| 2 | 制样 | 煤样的制备方法 | GB/T 474 |
| 3 | 化验 | 煤中碳和氢的测定方法 | GB/T 476 |
| | | 煤中碳氢氮的测定 仪器法 | GB/T 30733 |
| | | 燃料元素的快速分析方法 | DL/T 568 |
| | | 煤的元素分析 | GB/T 31391 |
| 4 | 不同基的换算 | 煤炭分析试验方法一般规定 | GB/T 483 |
| | | 煤炭分析结果基的换算 | GB/T 35985 |
| | | 煤中全水分的测定方法 | GB/T 211 |
| | | 煤的工业分析方法 | GB/T 212 |

资料来源：《企业温室气体排放核算与报告指南 发电设施》。

② 煤质分析中的元素碳含量应为收到基状态。如果实测的元素碳含量为干燥基或空气干燥基分析结果，应采用表6-4所列的方法标准转换为收到基元素碳含量；当某日或某月度燃煤单位热值含碳量无实测时，或测定方法均不符合表6-4要求时，该日或该月单位热值含碳量应不区分煤种取0.03356tC/GJ。

③ 燃油、燃气的单位热值含碳量应至少每月检测。对于天然气等气体燃料，含碳量的测定应遵循《天然气的组成分析 气相色谱法》（GB/T 13610）和《气体中一氧化碳、二氧化碳和碳氢化合物的测定 气相色谱法》（GB/T 8984）等相关标准，根据每种气体组分的体积浓度及该组分化学分子式中碳原子的数目计算含碳量。如果某月有多于一次的含碳量实测数据，宜取算术平均值计算该月单位热值含碳量数值。无实测时采用供应商提供的检测报告中的数据，或采用表6-2规定的各燃料品种对应的缺省值。

对于委托检测机构/实验室检测燃煤元素碳含量、低位发热量等参数时，应确保符合《核算报告指南》中“低位发热量的测定标准与频次”和“元素含碳量的测定标准与频次”的相关要求。检测报告应载明收到样品时间、样品对应的月份、样品测试标准、收到样品重量和测试结果对应的状态（干燥基或空气干燥基）。

此外，要求积极改进自有实验室管理，满足《检测和校准实验室能力的通用要求》（GB/T 27025）对人员、设施和环境条件、设备、计量溯源性、外部提供的产品和服务等资源要求的规定，确保使用适当的方法和程序开展取样、检测、记录和报告等实验室活动；鼓励重点排放单位对燃煤样品的采样、制样和化验的全过程采用影像等可视化手段，保存原始记录备查。鼓励重点排放单位自有实验室获得 CNAS 认可；鼓励有条件的重点排放单位加强样品自动采集与分析技术应用，采取创新技术手段，加强原始数据防篡改管理。

#### 6.2.2.2 检测器具的管理要求

检查企业质量控制方案所列的计量器具、检测设备和测量仪表是否与现场走访所见一致，质量控制方案中对入厂煤汽车衡、轨道衡等强检设备是否明确检定要求，对其他器具、设备的校准维护规定是否符合《核算报告指南》规定和出厂商要求。计量器具具体包括衡器、电能表、气体流量计、油流量计、水流量计、温度仪表以及压力仪表等。

**强制检定：**是由政府计量行政部门所属的法定计量检定机构或授权的计量检定机构，对社会公用计量标准、部门和企事业单位使用的最高计量标准，对贸易结算、安全防护、医疗卫生及环境监测四个列入国家强检目录的工作计量器具实行定点定期的一种检定。

强制检定工作计量器具是与人民生活、安全、健康密切相关的，是能够引起利害冲突的环节。因此，为保证强制检定的工作计量器具准确可靠，有效地维护国家和人民群众的利益免受计量不准确的危害，必须按《中华人民共和国计量法》的规定，对上述范围内的工作计量器具实行强制检定。

强检目录中涉及电厂计量设备主要为入厂煤汽车衡、轨道衡，以及部分电能表、流量计等。汽车衡也被称为地磅，是设置在地面上的大磅秤，通常用来称卡车的载货吨数，是厂矿、商家等用于大宗货物计量的主要称重设备。汽车衡标准配置主要由承重传力机构（秤体）、高精度称重传感器、称重显示仪表三大主件组成，由此既可完成地磅基本的称重功能，也可根据不同用户的要求，选配打印机、大屏幕显示器、称重管理软件以完成更高层次的数据管理及传输的需要。轨道衡是称量铁路货车载重的衡器，分静态轨道衡、动态轨道衡和轻型轨道衡三种，广泛用于工厂、矿山、冶金、外贸和铁路部门对货车散装货物的称量。静态轨道衡称量时，机车以低于 3km/h 的速度将货车准确停在承重台上，脱钩后读取数值。动态轨道衡称量时，列车以小于 15km/h 的速度通过承重台，自动判别车头和货车，利用支撑承重台的传感器，信号处理后即可显示出货车载重的多种数据。更多关于衡器的检定可参见第 9 章。

依据《火力发电企业能源计量器具配备和管理要求》（GB/T 21369—2024），用能单位配备的能源计量器具准确度等级应不低于表 6-5 的要求，同时能源计量器具的性能和准确度等级应满足相应生产工艺和使用环境（如温度、温度变化率、湿度、照明、振动、噪声、粉尘、腐蚀、辐射、电磁干扰等）的要求，见表 6-5。

**表 6-5　用能单位能源计量器具准确度等级要求**

| 计量器具类别 | 计量目的 | | 准确度等级 |
|---|---|---|---|
| 衡器 | 进出用能单位燃料的静态计量 | | 0.1 |
| | 进出用能单位燃料的动态计量 | | 0.5 |
| 电能表 | 交流电能计量 | Ⅰ类电能计量装置 | 0.2S |
| | | Ⅱ类电能计量装置 | 0.5S |
| | | Ⅲ类电能计量装置 | 1.0 |
| | | Ⅳ类电能计量装置 | 2.0 |
| | | Ⅴ类电能计量装置 | 2.0 |
| | 直流电能计量 | | 2.0 |
| 油流量表(装置) | 进出用能单位液体能源计量 | 汽油、柴油 | 0.5 |
| | | 重油、渣油 | 1.0 |
| 气体流量表(装置) | 进出用能单位气态能源计量 | 天然气 | 1.0 |
| | | 煤气 | 2.0 |
| | | 蒸汽 | 1.0 |
| 水流量表(装置) | 进出用能单位净水流量计量 | 管径≤250mm | 2.0 |
| | | 管径>250mm | 1.5 |
| | 污水流量计量 | | 2.5 |
| 气体流量表(装置) | 空气、氮气、烟气等气态载能工质的计量 | | 2.5 |
| 温度仪表 | 用于液态、气态能源的温度计量 | | 1.5 |
| | 与气体、蒸汽质量计算相关的温度计量 | | 1.0 |
| 压力仪表 | 用于液态、气态能源的压力计量 | | 1.5 |
| | 与气体、蒸汽质量计算相关的压力计量 | | 0.5 |

资料来源：《火力发电企业能源计量器具配备和管理要求》。

需要注意以下内容。

① 当计量器具是由传感器（变送器）、二次仪表组成的测量装置或系统时，表 6-5 中给出的准确度等级应是装置或系统的准确度等级。装置或系统未明确给出其准确度等级时，可用传感器与二次仪表的准确度等级按误差合成方法合成。

② 运行中的电能计量装置按其所计量电能量的多少分为五类：Ⅰ类为月平均用电量 $500 \times 10^4$kW·h 及以上或变压器容量为 10000kV·A 及以上的高压计费用户、200MW 及以上发电机、发电用能单位上网电量、电网经营企业之间的电量交换点的电能计量装置；Ⅱ类为月平均用电量 $100 \times 10^4$kW·h 及以上或变压器容量为 2000kV·A 及以上的高压计费用户、100MW 及以上发电机的电能计量装置；Ⅲ类为月平均用电量 $10 \times 10^4$kW·h 及以上或变压器容量为 315kV·A 及以上的计费用户、100MW 以下发电机、发电企业厂（站）用电量的电能计量装置；Ⅳ类为负荷容量为 315kV·A 以下的计费用户、发供电企业内部经济技术指标分析、考核用的电能计量装置；Ⅴ类为单相供电的电力用户计费用电能计量装置。

③ 用于成品油贸易结算的计量器具的准确度等级应不低于 0.2 级。

④ 用于天然气贸易结算的计量器具的准确度等级应符合《天然气计量系统技术要求》（GB/T 18603）附录 A 和附录 B 的要求。

## 6.2.3 数据质量控制的文件材料要求

**检查要点：**要求检查企业是否按入厂收集材料清单完整提供全部材料（可参考表 6-6），如有无法提供的材料，请在该问题情形下作补充说明。

**表 6-6 支持性文件清单**

| 序号 | 文件名称(示例) |
| --- | --- |
| **一、与基本信息相关的文件清单** | |
| 1 | 营业执照 |
| 2 | 排污许可证 |
| 3 | 组织机构图 |
| 4 | 电力业务许可证 |
| 5 | 厂区平面图 |
| 6 | 工艺流程图 |
| 7 | 备案的数据质量控制计划 |

续表

| 序号 | 文件名称(示例) |
| --- | --- |
| **二、与燃料消耗量相关的文件清单** | |
| 8 | 燃煤日入炉消耗量原始记录 |
| 9 | 燃煤入厂记录和台账 |
| 10 | 月度燃煤盘点表 |
| 11 | 燃煤结算发票 |
| 12 | 发电生产情况月报(盖章版) |
| 13 | 能源购进、消费与库存表 |
| 14 | 皮带秤校验记录 |
| 15 | 电子汽车衡检定证书 |
| **三、与碳含量和低位发热量相关的文件清单** | |
| 16 | 入炉煤质报表 |
| 17 | 煤质化验原始记录 |
| 18 | 元素碳含量检测报告 |
| 19 | 入炉/厂煤采制样操作手册 |
| 20 | 采样记录 |
| 21 | 制样记录 |
| 22 | 与检测机构签订的元素碳含量检测协议 |
| 23 | 电子天平检定证书 |
| 24 | 碳氢分析仪维护记录 |
| 25 | 入炉煤样送检记录 |
| 26 | 煤样样品邮寄单据和检测费支付凭证(原件) |
| **四、与购入电力相关的文件清单** | |
| 27 | 下网电量抄表记录 |
| 28 | 下网电量结算单 |
| 29 | 下网电量结算发票 |
| 30 | 下网电量电能表检定证书 |
| **五、与生产数据相关的文件清单** | |
| 31 | 发电量抄表记录 |
| 32 | 上网电量结算单 |
| 33 | 发电量电能表检定报告或校准记录 |
| 34 | 蒸汽流量计抄表记录 |
| 35 | 运行日志 |
| 36 | 供热协议 |

续表

| 序号 | 文件名称(示例) |
| --- | --- |
| **五、与生产数据相关的文件清单** | |
| 37 | 电子皮带秤校验记录 |
| 38 | 蒸汽流量计校验记录 |
| … | … |

资料来源:《企业温室气体排放核查技术指南 发电设施》。

对原始测量数据的记录要求。对于自行检测煤样的企业,要求保留煤质化验检测原始数据、记录台账、统计报表等资料。对于送检的企业,要求保留检测机构/实验室出具的检测报告、送检记录、样品邮寄单据、检测机构委托协议及支付凭证以及咨询服务机构委托协议及支付凭证。

定期对计量器具、检测设备和测量仪表进行维护管理,并记录存档;核查中检查化石燃料计量器具是否开展定期检定、校准。若采用入厂煤计量数据报告,查验地磅是否有检定证书并覆盖整个检查年度。若采用入炉煤皮带秤计量数据报告,查验入炉煤皮带秤计量位置是否合理,是否有校准操作规程及记录并覆盖整个检查年度。若采用入炉煤给煤机计量数据报告,查验耐压式计量给煤机准确度是否符合要求,是否有校准记录并覆盖整个检查年度。

建立温室气体数据内部台账管理制度。台账应明确数据来源、数据获取时间及填报台账的相关责任人等信息。排放报告所涉及数据的原始记录和管理台账应至少保存五年,确保相关排放数据可被追溯。核查中对企业多套台账展开文审,检查化石燃料消耗量统计周期与统计口径是否全面,对比入厂汽车衡和轨道衡计量数据、入炉皮带秤或给煤机计量数据与生产系统记录、购销存台账、盘库存记录、购煤合同结算发票等材料中的消耗量数据是否吻合,随机查验若干月的每日消耗量/每批次入厂量原始记录数据及台账是否与月报/年报保持一致。如果统计台账和计量记录不一致,要确定造成数字不一致的原因。

此外,要求建立温室气体排放报告内部审核制度。定期对温室气体排放数据进行交叉校验,对可能产生的数据误差风险进行识别,并提出相应的解决方案。

## 6.3 碳排放数据质量控制管理的成效

### 6.3.1 核查规则更加合理

《全国碳市场发展报告(2024)》显示,中国政府高度重视、持续强化全国碳排放权交易市场数据质量管理工作，建立了一套符合中国国情且行之有效的碳排放核算、报告与核查工作体系。其中核算、报告与核查规则更为科学合理，具体而言，针对部分重点排放单位的煤质分析样品送检难、现场核查难等实际情况，调整了煤质分析报告缺失月份的取值方式。合理优化碳排放核算核查方法，将发电行业碳排放核算公式从 27 个减少至 12 个，将“供电量”“供热比”等需要复杂计算的参数，替换为可直接计量的“发电量”“供热量”等直接计量数据。要求重点排放单位制订并严格执行数据质量控制方案，明确碳排放核算关键参数、测量设备和数据缺失处理等要求，规范数据质量内部管理制度，加强重点排放单位碳排放核算能力。探索开展烟气二氧化碳排放自动监测技术应用，2021 年以来，在火电、钢铁、水泥等重点行业组织开展碳监测评估试点。截至 2024 年 3 月，已在 72 家企业的 152 个点位安装烟气二氧化碳排放自动监测设备，对设备选型、监测点位选取、核算与监测数据分析比对、自动监测结果评估等进行技术攻关。针对核查报告粗细程度不一、要点把握不准等问题，出台发电行业专门的核查技术指南，明确了规范流程和必查内容，对 18 个关键参数针对性地提出“查、问、看、验”核查方法，进一步统一核查尺度和核查任务边界。

2023 年，各省级生态环境主管部门共组织 92 家核查机构 2702 名核查人员对 2022 年度发电行业碳排放报告开展技术审核。部分地方创新监管方式，探索开展核查人员考试“持证上岗”，保障核查人员专业水平达到技术审核需要。部分地方开展“飞行检查”，监督技术审核过程并评价核查人员能力。部分地方联合市场监管部门开展联合监管，对重点排放单位留存煤样进行复检，保障检验检测报告结果可信。各地评估显示，核查人员对技术规范理解更加深入、审核流程更加规范、技术评审尺度更加统一，核查工作质量显著提高。2023 年度核查工作中，核查机构开具的不符合项相比 2022 年降低约 35.7%。不符合项一次整改合格率约为 92%，较 2022 年度显著提升。

建立健全重点排放单位碳排放月度存证数据的“国家—省—市”三级联审工作机制，要求重点排放单位每月通过全国碳市场管理平台存证碳排放核算关键参数和支撑材料，国家、省级和市级生态环境主管部门定期审核，同时依托大数据等信息化手段，识别异常数据并及时预警，实现了对重点排放单位名录、数据质量控制计划编制与执行、月度存证、排放报告和核查等全方位、全流程、常态化监管，对发现的问题及时移交地方核实，监督重点排放单位整改落实。

### 6.3.2 统计能力显著增强

2021 年以来，生态环境部组织开展三轮重点排放单位碳排放报告质量监督帮扶，跨省抽调专家和执法骨干，对分布在 25 个省、73 个城市的 538 家重点排放单位开展了现场监督。对发现问题进行分类处置、制定销号标准，拉条挂账、逐项整改。同时，持续跟进第一个履约周期问题整改落实情况。截至 2024 年 7 月，各地累计对数据质量问题实施行政处罚 54 件，立案处罚并核减配额折合市场价值约 14 亿元。

2023 年，各级生态环境主管部门共举办 134 场全国碳排放权交易市场建设培训，约 1.16 万人次参与培训，实现了对重点排放单位的全覆盖。其中生态环境部针对省市生态环境主管部门、重点排放单位、核查机构等相关方组织开展 6 场数据质量管理培训活动。通过全国碳市场管理平台制作培训视频 40 个，线上培训超过 1 万人次。建立全国碳排放权交易市场专家库，及时解答参与主体遇到的各类技术和政策疑难问题 688 个。

在开展碳排放数据核查过程中，立足中国国情，一手抓长效监管机制建设，一手抓严厉打击弄虚作假行为，建成了一套系统完备、科学有效、对接国际的碳排放数据统计核算和管理制度，对全国 40%以上的二氧化碳排放量实现了设施和企业层级的月度数据报送和更新，碳排放统计核算的规范性、准确性和时效性大幅提升，化石燃料等关键参数实测数据为科学制定发布中国年度电力二氧化碳排放因子、区域电网基准线排放因子，建立完善碳足迹管理体系等提供了基础数据支撑。培育了一大批碳减排、碳管理的专业人才和相关机构，为实现“双碳”目标奠定了坚实基础。据统计，至 2023 年，50 余家咨询机构为重点排放单位提供编制年度排放报告等服务，450 余家检验检测机构对重点排放单位使用的燃料开展日常检测检验，近 100 家核查机构对重点排放单位报送的年度排放报告进行技术审核。省级生态环境主管部门对核查机构服务进行评价，在关于工作及时性和工作质量的 1.66 万条评价结果中，合格比例达到 99.7%。

### 6.3.3 管理执法成效显著

数据质量是保证碳市场健康平稳有序的基础，可以说是碳市场的生命线。加强规则和能力建设的同时，也对相应违法企业严肃处罚并核减其碳排放配额，对问题严重的技术服务机构公开曝光，对弄虚作假行为形成有力震慑，满足了全国碳排放权交易市场平稳有序运行的数据需要。2023 年 8 月 8 日，最高人民法院等发布的《关于办理环境污染刑事案件适用法律若干问题的解释》明确规定，承担温室气体排放检验检测、排放报告编制或者核查等职责的中介组织的人员故意提供虚假证明文件，可以认定为《刑法》第二百二十九条第一款规定的“情节严重”，处五年以上十年以下有期徒刑，并处罚金。2024 年 1 月 25 日，国务院颁布了《碳排放权交易管理暂行条例》，不仅对重点排放单位篡改、伪造数据资料等弄虚作假行为提高了行政处罚力度，还针对技术服务机构的不同造假行为制定了相应的处罚措施。2024 年 2 月 26 日，国务院政策例行吹风会上，生态环境部副部长赵英民表示，对碳排放数据弄虚作假“零容忍”，严惩重罚，公开曝光违法违规行为。

相关主体对碳排放数据弄虚作假。2022 年 3 月 14 日，生态环境部通报碳排放报告数据弄虚作假相关典型案例。其中，辽宁省某公司从 2020 年以来，为多家集中送检煤样的控排企业出具日期虚假的元素碳含量检测报告被点名；2022 年 5 月，江西省市场监管局下发《关于开展碳排放核查检验检测机构排查整治工作的通知》，通报了部分检验检测机构存在质量控制体系缺失。

此外，少数检验检测机构法律法规意识淡薄，帮助企业违规篡改碳排放检测数据，严重干扰碳市场正常秩序，影响检验检测行业声誉。2023 年 10 月，沈阳市生态环境局在对沈北新区某检测公司开展现场专项检查中发现，公司近两年出具检测报告 400 余份，但部分检测报告中缺少现场采样记录、交接记录单和仪器设备出入库记录单，疑似档案造假，且公司实验室长期闲置，仪器设备使用记录缺失严重，现场情况与其检测工作量存在严重矛盾。经查实，该企业 2022—2023 年出具的 447 份检测报告档案中有 433 份涉嫌数据弄虚作假行为，涉及省内 100 多家企业，违法所得 220 余万元。根据相关规定，沈阳市生态环境局将此案件移送公安机关，依法追究刑事责任。2023 年 2 月，北京市建立了试点碳市场核查报告专家评审、抽查等工作机制，抽查发现 4 家核查机构的核查排放量与被核查排放单位的实际排放量差异超过 1000t 或占比超过该单位排放量 10%，评估等级从优降级为良。

近年来，第三方检测业务快速普及，第三方检测机构大量出现，个别第三方违法检测机构为抢占市场、提高利润，通过减少实际采样人员、缩短采样时间、不实地采样直接编造检测数据等方式压缩检测成本，压低市场价格，扰乱环境检测市场，严重破坏环境管理秩序。生态环境部门和公安部门协调配合，多部门联动执法为开展第三方环保服务机构弄虚作假问题专项整治积累了宝贵实战经验，也在社会上形成了强有力的震慑效果，有效推动整个第三方环保服务行业的规范化运营。

## 思考题

（1）数据质量控制计划应包括哪些内容？

（2）燃煤元素碳含量的测定有哪些要求？

（3）能源计量器具配备有哪些要求？

（4）碳排放核查人员入厂核查企业需要提供哪些支持性文件？

（5）近些年碳排放数据质量管理有哪些成效？

# 7 碳排放信息存证管理

随着“双碳”目标纳入经济社会发展全局，碳排放信息披露活动成为企业合规与社会责任的重要方面。碳排放报告是一份详细记录了某个组织或企业在一定时间段内温室气体排放量的文件，是加强企业数据质量管理，尽早发现问题、尽早解决问题的重要手段。企业月度存证信息填报的完整性、规范性、合理性，是做好后期碳排放量核算、碳配额分配交易的前提，也是各级行政管理部门碳排放审核的重点。本章首先介绍了企业碳排放报告的基本内容，以及碳排放报告存证的要求；其次简要介绍了部分省份开展月度信息化存证工作的进展，以及监管和重点排放单位的职责和义务；最后则列举了月度信息化存证工作中出现的典型问题以及注意事项。开展月度信息化存证工作是数据质量管理的重要环节，可实现相关参数和原始台账记录等材料可追溯、防篡改，同时提升数据质量管理效率，有助于政策更好地落实，推动碳市场健康发展。

## 7.1 碳排放报告的内容

温室气体排放报告是指重点排放单位根据生态环境部制定的《温室气体排放核算方法与报告指南》及相关技术规范编制的载明重点排放单位温室气体排放量、排放设施、排放源、核算边界、核算方法、活动数据、排放因子等信息，并附有原始记录和台账等内容的报告。

### 7.1.1 碳排放源识别

企业识别碳排放源是指在组织边界内找到产生碳排放的设施，并按照运营边界的分类模式进行分类和记录的过程。碳排放源的识别具体包含四大步骤：获取重点用能设备清单、交流工艺流程、巡场以及列清单。

（1）获取重点用能设备清单

因为绝大部分碳排放都来自能源的消耗，所以有了这个清单基本上就能识别大部分排放源，如锅炉、窑炉、大型电机等一定都在这个清单上。稍具规模的企业，一般都有重点用能设备清单。如果没有，可以通过问答的方式来确定重点用能设备。最简单且直接的方式就是提问，如询问企业有没有使用煤炭、石油制品和天然气，是否外购蒸汽或热水，这些能源分别用在哪些设备上等，根据企业技术人员的回答，基本能识别出能源使用的排放源。

（2）交流工艺流程

跟技术人员交流企业的主要工艺流程，以及确认每个流程涉及的化学反应过程。如果有工艺流程图，那么最好让技术人员按照工艺流程图讲解一遍。

（3）巡场

巡场是指去现场挨个确认排放源，顺便识别在前期交流过程中遗漏的排放源。巡场主要有两种模式：一是按照工艺流程顺序巡场，这主要针对工艺流程复杂的工厂；二是按照工厂建筑布局巡场，这主要针对工艺流程不那么复杂的工厂涉及工艺流程的部分，走到每道工序处，都需要现场查看该工序的物料清单，观察用了什么原料、产出了什么产品，以及看看里面是否包含碳材料。同时，了解反应过程中是否有温室气体产生或者泄漏，如果有，那么这道工序就是排放源之一。

（4）列清单

识别完排放源后，需要依照《温室气体核算体系：企业核算与报告标准》中要求的范围分类方式进行归纳。同时也要依照 ISO 14064：2018 标准中要求的类别 1～6 进行排放源的分类并列清单（见表 7-1），为之后的碳排放量计算做准备。

**表 7-1　排放源类别清单**

| 类别 | 详情 |
| --- | --- |
| 类别 1 | 温室气体的直接排放和清除：组织拥有和控制的温室气体排放源所产生的温室气体排放 |
| 类别 2 | 能源的间接温室气体排放：组织所消耗的外部电力、热力或蒸汽的生产而造成的间接温室气体排放 |
| 类别 3 | 交通运输的间接温室气体排放：通常指与组织生产经营活动有关的，但非组织直接运营的上下游的运输活动产生的间接温室气体排放 |
| 类别 4 | 组织使用产品的间接温室气体排放：通常指与组织生产经营活动有关的采购的商品或服务产生的间接温室气体排放 |

续表

| 类别 | 详情 |
| --- | --- |
| 类别 5 | 与使用本组织产品相关的间接温室气体排放：通常指组织的产品或服务被使用产生的间接温室气体排放 |
| 类别 6 | 其他的间接温室气体排放：通常指上述类别无法包含的间接温室气体排放 |

由于在电力生产中，仅化石燃料的燃烧会产生温室气体排放。水电、风电、太阳能发电属于可再生能源发电，产生零排放的清洁电力，属于中国自愿减排项目类型，能产生减排效益。火电中的生物质发电，垃圾焚烧发电，垃圾填埋气发电，回收煤层气、煤矿瓦斯和通风瓦斯发电等都属于废能回收利用的发电形式，虽然该类项目也会排放一定的温室气体，但由于其在一定程度上避免了原来废能、废气直接排放所产生的温室效应，反而会产生减排效益，也属于中国自愿减排项目类型。因此，拥有多种发电形式的发电企业需要区分出使用化石燃料的发电设施作为其排放源。

根据《核算报告指南》要求，发电设施温室气体排放核算和报告范围，包括化石燃料燃烧产生的二氧化碳排放和购入使用电力产生的二氧化碳排放两部分。

化石燃料燃烧产生的二氧化碳排放一般包括发电锅炉（含启动锅炉）、燃气轮机等主要生产系统消耗的化石燃料燃烧产生的二氧化碳排放，不包括应急柴油发电机组、移动源、食堂等其他设施消耗化石燃料产生的排放。对于掺烧化石燃料的生物质发电机组、垃圾焚烧发电机组等产生的二氧化碳排放，仅统计燃料中化石燃料的二氧化碳排放。

对于混烧化石燃料的生物质或垃圾发电厂，仅需统计混合燃料中化石燃料燃烧的二氧化碳排放。生物质发电和垃圾发电，如采用炉排炉形式一般并不掺烧化石燃料，但不论哪种形式都会采用柴油或天然气作为炉膛点火材料。《核算报告指南》中对此部分也没有明确的规定，属于暂不考虑的范畴。

对热电联产的发电企业来说，《核算报告指南》比较“尴尬”。根据《核算报告指南》，热力应属于其他产品，需要参照热力生产企业温室气体排放核算和报告指南进行温室气体核算和报告，但现阶段还未发布热力生产企业相关指南。对热电联产企业来说，发电和产热在设备和工艺上无法分离，在使用《核算报告指南》时，热电比在理论上应该能作为拆分的参照，但涉及实际监测和盘查，仍需要按实际产热和产电的蒸汽比例来拆分。

## 7.1.2 碳排放量计算

### 7.1.2.1 碳排放量计算的分类

碳排放量的计算方法有多种，根据不同的目的和对象，可以采用不同的数据来源和公式。一般来说，碳排放量的计算可以分为两大类：直接排放和间接排放。

（1）直接排放

直接排放是指由于燃烧化石燃料、生物质或工业过程等直接产生的二氧化碳排放。直接排放可以按照不同的部门或活动进行分类，例如能源、工业、交通、农业、废弃物等。直接排放的计算公式一般为：

直接排放量＝活动数据×排放因子×氧化率

① 活动数据是指某一部门或活动在一定时间内消耗或产生的能源或物质的数量，例如燃料用量、原料用量、产品产量等。活动数据可以从统计数据、调查数据、测量数据等来源获取。

② 排放因子是指单位活动数据所对应的二氧化碳排放量，例如单位能源消耗或单位产品产出所产生的二氧化碳排放量。排放因子可以从国际组织、国家机构、行业协会等发布的标准值或平均值获取，也可以根据实际情况进行测试或估算。

③ 氧化率是指在燃烧过程中，燃料中的碳元素被完全转化为二氧化碳的比例。氧化率一般取决于燃料的类型和燃烧条件，通常可以假设为100％或接近100％。

（2）间接排放

间接排放是指由于使用电力、热力、蒸汽等能源服务而间接产生的二氧化碳排放。间接排放主要来源于电力生产部门，因为电力生产过程中会消耗大量的化石燃料，并向大气中排放二氧化碳。间接排放也可以按照不同的部门或活动进行分类，例如住宅、商业、公共服务等。间接排放的计算公式一般为：

间接排放量＝能源服务消耗量×边际排放率

① 能源服务消耗量是指某一部门或活动在一定时间内使用的能源服务（电力、热力、蒸汽等的数量），例如电量、热量、蒸汽量等。能源服务消耗量可以从统计数据、调查数据、测量数据等来源获取。

② 边际排放率是指单位能源服务所对应的二氧化碳排放量，例如单位电力或单位热力所产生的二氧化碳排放量。边际排放率可以从国际组织、国家机构、

行业协会等发布的标准值或平均值获取，也可以根据实际情况进行测试或估算。边际排放率的计算方法有多种，一种常用的方法是基于电力系统的边际发电机组。边际发电机组是指在一定时间和地点，由于电力需求的增加或减少而被调度上线或下线的发电机组。边际发电机组的排放因子决定了电力系统的边际排放率。

#### 7.1.2.2 发电行业的碳排放量计算

对于发电行业，发电设施二氧化碳排放量等于化石燃料燃烧排放量和购入使用电力产生的排放量之和，采用式(7-1) 计算。

$$E=E_{燃烧}+E_{电} \tag{7-1}$$

式中 $E$——发电设施二氧化碳排放量，$tCO_2$；

$E_{燃烧}$——化石燃料燃烧排放量，$tCO_2$；

$E_{电}$——购入使用电力产生的排放量，$tCO_2$。

（1）化石燃料燃烧排放量

化石燃料燃烧排放量是统计期内发电设施各种化石燃料燃烧产生的二氧化碳排放量的加总，采用式(7-2) 计算。

$$E_{燃烧}=\sum_{i=1}^{n}(AD_i\times EF_i) \tag{7-2}$$

式中 $E_{燃烧}$——化石燃料燃烧的排放量，$tCO_2$；

$AD_i$——第 $i$ 种化石燃料的活动数据，GJ；

$EF_i$——第 $i$ 种化石燃料的二氧化碳排放因子，$tCO_2/GJ$；

$i$——化石燃料类型代号。

其中，化石燃料活动数据是统计期内燃料的消耗量与其低位发热量的乘积，采用式(7-3) 计算。

$$AD_i=FC_i\times NCV_i \tag{7-3}$$

式中 $AD_i$——第 $i$ 种化石燃料的活动数据，GJ；

$FC_i$——第 $i$ 种化石燃料的消耗量［对固体或液体燃料，单位为 t；对气体燃料（标准状况），单位为 $10^4m^3$］；

$NCV_i$——第 $i$ 种化石燃料的低位发热量［对固体或液体燃料，单位为 GJ/t；对气体燃料（标准状况），单位为 $GJ/10^4m^3$］。

化石燃料的二氧化碳排放因子采用式(7-4) 计算。

$$EF_i = CC_i \times OF_i \times \frac{44}{12} \tag{7-4}$$

式中　$EF_i$——第 $i$ 种化石燃料的二氧化碳排放因子，$tCO_2/GJ$；

$CC_i$——第 $i$ 种化石燃料的单位热值含碳量，tC/GJ；

$OF_i$——第 $i$ 种化石燃料的碳氧化率，%；

44/12——二氧化碳与碳的分子量之比。

（2）购入使用电力产生的二氧化碳排放

对于购入使用电力产生的二氧化碳排放，用购入使用电量乘以电网排放因子得出，采用式(7-5）计算。

$$E_{电} = AD_{电} \times EF_{电} \tag{7-5}$$

式中　$E_{电}$——购入使用电力产生的排放量，$tCO_2$；

$AD_{电}$——购入使用电量，MW·h；

$EF_{电}$——电网排放因子，$tCO_2/(MW \cdot h)$。

### 7.1.3　碳排放趋势分析

为推动实现“双碳”目标，中国政府于 2021 年提出并启动建立“1＋N”政策体系，至今，该体系已基本建立健全。为全面推动该政策体系的实施，2023 年 7 月 17—18 日，习近平总书记在全国生态环境保护大会上专门指出，要积极稳妥推进碳达峰碳中和，坚持全国统筹、节约优先、双轮驱动、内外畅通、防范风险的原则，落实好碳达峰碳中和“1＋N”政策体系。2023 年，仅生态环境部就分别出台了《关于做好 2023—2025 年发电行业企业温室气体排放报告管理有关工作的通知》、《2021、2022 年度全国碳排放权交易配额总量设定与分配实施方案（发电行业）》、《关于做好 2023—2025 年部分重点行业企业温室气体排放报告与核查工作的通知》、《温室气体自愿减排交易管理办法（试行）》（与国家市场监管总局联合发布）等多份文件，对完善“1＋N”政策体系发挥了重要作用。

全国碳排放权交易市场将进一步优化制度框架，并扩展覆盖更多高排放行业。截至 2024 年 7 月，全国碳排放权交易市场主要覆盖发电行业，涉及 2257 家重点排放单位，占全国二氧化碳排放总量的 40%以上。根据生态环境部的规划，碳市场将逐步覆盖钢铁、建材、有色、石化、化工、造纸和航空等行业，这些行业占全国二氧化碳排放的 75%左右。其中，在 2024 年 9 月，生态环境部发布《全国碳排放权交易市场覆盖水泥、钢铁、电解铝行业工作方案（征求意见稿）》。意见稿要求按照“边实施、边完善”的工作思路，提出启动实施（2024—2026年）和深化完善（2027年以后）两个阶段，积极稳妥推进水泥、钢铁、电解铝行业全国碳排放权交易市场建设，并明确了每个阶段的具体目标。实施重点排放单位名录管理部分提出了确定管控范围、确定重点排放单位、做好系统开户等三项重点任务，对名录管理工作进行了全面部署。开展核算报告核查部分提出了制定核算报告与核查技术规范、组织开展月度存证、组织开展年度报告核查等三项重点任务，明确各项工作的责任单位、操作流程。实施配额管理部分提出了制定年度配额总量和分配方案、开展配额发放清缴交易等两项重点任务，明确了配额分配的主要思路，规定了配额管理各环节的关键要素、工作流程。

数据管理和市场监管是碳市场稳定运行的核心。中国政府已建立“国家—省—市”三级联审机制，确保碳排放数据的真实性和准确性。这包括要求重点排放单位定期通过全国碳市场管理平台存证碳排放核算关键参数和支撑材料，并利用大数据手段识别和预警异常数据。此外，生态环境部通过多轮碳排放报告质量监督帮扶，进一步强化了市场监管，防止数据造假和市场操纵行为。例如，2023年，中国政府通过跨省抽调专家和执法骨干，对重点排放单位进行现场监督，确保数据的准确性和规范性。这种机制的实施有效提高了碳市场的数据质量和市场透明度。

### 7.1.4 碳排放报告格式

排放报告的格式要求包括以下基本内容。

① 重点排放单位基本信息：单位名称、统一社会信用代码、排污许可证编号等基本信息。

② 机组及生产设施信息：每台机组的燃料类型、燃料名称、机组类别、装机容量、汽轮机排汽冷却方式，以及锅炉、汽轮机、发电机、燃气轮机等主要生产设施的名称、编号、型号等相关信息。

③ 活动数据和排放因子：化石燃料消耗量、元素碳含量、低位发热量、单位热值含碳量、机组购入使用电量和电网排放因子数据。

④ 生产相关信息：发电量、供热量、运行小时数、负荷（出力）系数等数据。

根据生态环境部发布的《核算报告指南》相关要求，企业年度温室气体排放量报告需填写相关表格，见表7-2。其他要求和具体填报格式可参考《核算报告指南》。

表 7-2 企业年度温室气体排放量报告中的表格

| 编号 | 名称 |
| --- | --- |
| 表 1 | 重点排放单位基本信息 |
| 表 2 | 机组及生产设施信息 |
| 表 3 | 化石燃料燃烧排放表 |
| 表 4 | 购入使用电力排放表 |
| 表 5 | 生产数据及排放量汇总表 |
| 表 6 | 元素碳含量和低位发热量的确定方式 |
| 表 7 | 辅助参数报告项 |

# 7.2 碳排放信息的存证

## 7.2.1 碳排放信息披露要求

生态环境部公布并于 2022 年 2 月 8 日正式实施的《企业环境信息依法披露管理办法》第一次明确提出要开展碳排放信息披露，并配套了企业进行信息披露的具体格式准则要求，规定了披露范围、披露内容和部分指标。2024 年 5 月，财政部也发布《企业可持续披露准则——基本准则（征求意见稿）》，提出到 2027 年，我国企业可持续披露基本准则、气候相关披露准则将相继出台，逐步建成国家统一准则体系。

目前研究表明，在碳排放信息披露领域，尚未形成全球统一标准，国内各市场主体关于企业与环境、社会和治理（ESG）相关的披露亦尚未达成明确标准。但在披露目的上，主动承担社会责任、实现企业可持续发展、助力 2030 年远景目标已成为各行业大型企业的共识；在披露范式上，除了同质性地参考了全球报告倡议组织（GRI）标准之外，各行业大型企业各有侧重地借鉴了可持续发展会计准则委员会（SASB）、气候相关财务信息披露工作组（TCFD）披露框架等。可见，在全球尚未形成统一碳排放信息披露标准的情境下，即使对大型企业也颇具挑战性，对于相关能力建设不足的中小企业来说更是艰巨的任务。然而，随着制度环境的不断完善，若不披露碳排放信息，则意味着无法向金融机构和投资机构提供碳排放信息，无法融入可持续发展投资生态。基于我国企业目前碳信息的披露状况，未来企业碳信息披露要在提质增量上下功夫。

制定可操作的碳信息披露报告框架。从践行碳信息披露较为积极的上市公司来看，目前的披露报告中定性内容较多，在定量信息方面，对于企业碳排放量、减排投入、减排绩效等报告的维度不统一，减少了报告信息的参考性和可比性。业界对推动碳信息披露报告内容统一化、标准化倡议由来已久，但由于企业经营行业和规模的差异，需要基于碳信息披露的难度以及企业进行信息披露的动机，设置一定的可选披露项目和过渡措施，在尊重个性化诉求的同时争取更多企业参与碳信息披露。

支持碳信息披露第三方服务机构发展。考虑到许多企业目前没有专门的部门、人才支持碳信息披露工作，且自主测算碳排放、汇报环境影响的模式可能存在信息定向披露甚至信息掩盖的倾向，规范和推广碳信息披露第三方服务业务是高效提升企业碳信息披露水平的良策。

同时，在现有实践基础上，应将包含碳战略、碳目标、排放值、减排措施与投入信息的碳信息披露报告作为企业进入碳市场的前置条件。在监督重点排放企业碳排放、提升上市公司环境合法性的同时，吸引更多企业展示减碳成果、提升企业收益。为把握碳市场的新机遇、降低企业融资成本，应鼓励更多的企业投入碳信息披露实践。

然而，当前日趋严格的政策监管、日趋完善的环境权益类市场，逐渐对企业碳排放信息披露提出更高的要求和更严苛的标准。低碳转型投资成本高、技术创新难、短期回报率低，这些原因直接导致部分企业自身动力不足，对于碳排放信息的披露缺乏自觉行为，且不具备自主披露的条件。同时企业技术应用不深、生存成本增加等也是影响企业主动披露碳排放信息的关键问题。因此，仅依靠政策监管来约束企业在生产经营活动的同时注重碳排放信息的报告是不够的，应完善制度建设、配套升级技术、强化政策扶持以落实企业碳排放信息披露环境责任，提高企业碳排放信息披露的胜任力，助推企业实现绿色转型、践行可持续发展。

① 提高企业碳排放信息报告的责任意识。完善碳排放信息披露的法律法规体系建设，强化中小企业在“双碳”目标实现过程中的法律地位；加大宣传引导力度，传播可持续发展理念，强化企业碳排放信息披露意识；开展企业可持续发展披露教育培训，激发企业低碳转型意识，引导其树立生态文明建设主体责任；发挥行业协会带动作用，规范行业碳排放标准，通过行业监管助推企业落实生态环保社会责任。

② 加强企业碳排放信息报告的技术支持。依托基础设施建设，推动绿色低碳经济与实体经济深入融合，为企业碳排放信息披露构建可持续发展投资生态；推进政产学研协同创新，强化知识产权保护与专利转化，助力企业技术更新；推

动企业管理层面信息化、数字化应用，做好精细化管理，为碳排放信息披露提供数字化支撑手段；提升供应链管理水平，推动供应链中大型企业发挥低碳带动作用，带动中小企业实现产品生产、物流运输等环节全链条低碳发展。

③ 强化企业碳排放信息报告的政策扶持。完善财税政策支持和经费保障，在对企业技术研发、设备升级、产品优化等低碳转型方面给予财政资金支持和税收减免；切实发挥生态文明建设工作领导小组等管理监督机制的作用，识别并遏制“漂绿”行为；地方政府相关部门针对当地企业定制个性化服务，加大政策解释与咨询服务力度，确保惠企政策落实落地；建立健全绿色金融体系，利用市场机制倒逼企业资源配置优化，合理利用绿色金融工具扶持企业生存发展。

### 7.2.2 碳排放报告存证要求

2023 年 2 月，生态环境部就发电行业企业温室气体排放报告管理印发通知，提出了 2023—2025 年发电行业企业温室气体排放报告管理有关工作要求，在工作任务中照例要求组织重点排放单位于每年 3 月 31 日前通过管理平台报送上一年度温室气体排放报告。其中，2022 年度温室气体排放报告，按照《企业温室气体排放核算方法与报告指南　发电设施（2022 年修订版）》(环办气候〔2022〕111 号）要求编制；2023 和 2024 年度温室气体排放报告，按照《核算报告指南》要求编制。

根据《核算报告指南》，**排放报告存证的要求如下**。

① 燃料消耗量。通过生产系统记录的，提供每日/每月原始记录；通过购销存台账统计的，提供月度生产报表、购销存记录或结算凭证。

② 燃煤低位发热量。自行检测的，提供每日/每月燃料检测记录或煤质分析原始记录；委托检测的，提供有资质的检测机构/实验室出具的检测报告，报告加盖 CMA 资质认定标志或 CNAS 认可标识章。报送提交的原始检测记录中应明确显示检测依据（方法标准）、检测设备、检测人员和检测结果。对于每月进行加权计算的燃料低位发热量，提供体现加权计算过程的 Excel 计算表。

③ 燃煤元素碳含量。自行检测的，提供每日/每月燃料检测记录或煤质分析原始记录，报告加盖 CMA 资质认定标志或 CNAS 认可标识章；委托检测的，提供有资质的检测机构/实验室出具的检测报告，报告加盖 CMA 资质认定标志或 CNAS 认可标识章。报送提交的原始检测记录中应明确显示检测依据（方法标准）、检测设备、检测人员和检测结果。提供每日收到基水分检测记录和体现月度收到基水分加权计算过程的 Excel 计算表。

④ 燃油、燃气低位发热量与元素碳含量。提供每月检测记录或检测报告。

⑤ 购入使用电量。采用电表记录读数的，提供每月电量统计原始记录；采用电费结算凭证上数据的，提供每月电费结算凭证。

⑥ 发电量。提供每月生产报表或台账记录。

⑦ 供热量。采用直接计量数据的，提供每月生产报表或台账记录，以及 Excel 计算表；采用结算数据的，提供结算凭证和 Excel 计算表。

⑧ 运行小时数和负荷（出力）系数。提供生产报表或台账记录。

⑨ 掺烧机组锅炉产热量和锅炉效率。对于掺烧生物质机组，提供每月锅炉产热量生产报表或台账记录、锅炉效率检测报告，锅炉效率未实测时，提供锅炉设计说明书或锅炉运行规程。

⑩ 排放报告辅助参数。供热比、发电煤（气）耗、供热煤（气）耗、发电碳排放强度、供热碳排放强度、上网电量，相关参数计算方法可参考《核算报告指南》附录 E，提供每月生产报表、台账记录和 Excel 计算表；煤种、煤炭购入量和煤炭来源（产地、煤矿名称），提供每月企业记录或供应商证明等。

## 7.3 月度信息化存证管理

### 7.3.1 月度信息化存证的要求

2022 年 3 月 10 日，生态环境部办公厅发布《关于做好 2022 年企业温室气体排放报告管理相关重点工作的通知》，其中明确要求组织开展信息化存证工作。该通知要求组织发电行业重点排放单位，按照《企业温室气体排放核算方法与报告指南　发电设施（2022 年修订版）》要求，于 2022 年 3 月 31 日前通过环境信息平台更新数据质量控制计划，并依据更新的数据质量控制计划开展信息化存证管理工作。要求自 2022 年 4 月起在每月结束后的 40 日内，通过具有 CMA 资质或经过 CNAS 认可的检验检测机构对元素碳含量等参数进行检测，并对以下台账和原始记录通过环境信息平台进行存证：①发电设施月度燃料消耗量、燃料低位发热量、元素碳含量、购入使用电量等与碳排放量核算相关的参数数据及其盖章版台账记录扫描文件；②检验检测报告原件的电子扫描件，检测参数应至少包括样品元素碳含量、氢含量、全硫、水分等参数，报告加盖 CMA 资质认定标志或 CNAS 认可标识章；③发电设施月度供电量、供热量、负荷系数等与配额核算与分配相关的生产数据及其盖章版台账记录原件扫描文件。温室气体排放报告所涉数据的原始记录和管理台账应当至少保存5年，鼓励地方组织有条件的重点排放单位探索开展自动化存证。

2023年1月1日起开始施行的新版《核算报告指南》，进一步完善信息化存证的管理要求。一是将八个重点参数作为企业重点管理内容，纳入日常监管和年度核查工作重点，即燃料消耗量、低位发热量、元素碳含量、购入使用电量、发电量、供热量、运行小时数和负荷（出力）系数；二是明确九个“仅报告、不核查”的辅助参数用于交叉验证，识别重点参数的异常，即供热比、供热煤（气）耗、发电煤（气）耗、供热碳排放强度、发电碳排放强度、上网电量、煤炭购入量（入厂煤接收量）、煤种、煤炭来源（产地、煤矿名称）。

2023年2月4日，生态环境部办公厅发布《关于做好2023—2025年发电行业企业温室气体排放报告管理有关工作的通知》，延续上述月度信息化存证要求，并进一步细化，按照《核算报告指南》等要求，重点排放单位需在每月结束后的40个自然日内，通过管理平台上传燃料消耗量、低位发热量、元素碳含量、购入使用电量、发电量、供热量、运行小时数和负荷（出力）系数以及排放报告辅助参数等数据及其支撑材料。

全国碳市场管理平台中，月度信息化存证作为一种重要的数据管理手段，其意义主要体现在以下几个方面。

① 提升数据质量。通过定期的信息化存证，可以及时发现并纠正数据中的错误和异常，确保数据的准确性和真实性，从而提高碳排放数据的整体质量。例如，大连市生态环境局通过启动月度信息化存证审核工作，有效提升了碳排放数据存证质量。

② 强化日常监管。月度信息化存证有助于强化对碳排放数据的日常监管，通过对重点排放单位月度信息化存证的数据及信息进行技术审核，识别异常数据，从而加强对碳排放权的控制和管理。

③ 促进企业自我约束。通过月度信息化存证，企业可以更加明确自己的碳排放情况，从而促使企业加强自我管理，控制碳排放强度，减少不必要的排放，实现可持续发展。

④ 提高透明度和公信力。月度信息化存证的公开性和透明性有助于提高碳排放数据的公信力和可信度，为政府和企业之间的信息交流提供了更加可靠的依据。

⑤ 推动技术创新和管理进步。随着全国碳市场的深入发展，月度信息化存

证的要求也在不断提高，这促使企业和技术服务机构不断创新和提升技术水平，以适应新的管理要求。

### 7.3.2 月度信息化存证的组织

月度信息化存证依托的平台为全国碳市场管理平台，该平台是服务于碳排放数据管理、质量监管、核查管理等全业务全流程的一体化管理平台。2023 年 2 月，平台正式上线运行，运用大数据等信息化手段，通过名录管理、排放管理、质量监管、实时监测、核查管理、配额管理、交易管理、履约管理、考评管理、综合分析等功能实现了全国碳排放数据报送、第三方核查、配额分配、交易履约、分析决策等全链条的贯穿打通，实现全国性重点控排企业的统一管理和集中调度。同时可对碳排放及相关参数异常数据实现自动识别校验，对存疑数据进行预警提示，实现了碳排放管理重点环节的数字化、智能化。用户涵盖主管部门、重点排放单位、技术服务机构等多类主体，丰富了数据质量管理技术手段，显著提升了工作效率。

从监管部门的角度，除了国家级部门的统筹协调，省级和地市级生态环境部门各有分工。其中，省级生态环境主管部门负责组织开展月度信息化存证工作的技术审核，将有关问题线索移交给设区的市级生态环境部门，并组织和指导其做好有关监督检查与核实处理等。

省级生态环境主管部门的审核要点包括以下几点：

① 存证数据及支撑材料是否符合指南关于排放报告存证的要求；

② 数据确定方式是否符合技术规范要求，数据确定方式、数据来源的填写是否符合逻辑；

③ 关键参数是否存在异常波动或偏离合理区间；

④ 存证数据及信息是否与数据质量控制计划匹配。

设区的市级生态环境部门的职责是督促重点排放单位及时、规范开展存证；对煤样采集、制备、留存的规范性、真实性进行现场抽查；对投诉举报和上级生态环境部门转办交办有关问题线索逐一进行核实处理；对存证材料不及时、不规范、不完整及不清晰等，应在三个工作日内组织重点排放单位完成查实整改；对存在异常数据等问题线索的，及时组织重点排放单位提交相关证明材料，将查实意见通过管理平台报省级生态环境部门。

市级生态环境主管部门的审核要点包括以下几点：

① 审核参数填报和支撑材料上传是否完整；

② 审核支撑材料是否清晰，支撑材料与参数是否对应；

③ 审核填报数据是否与支撑材料数据一致等。

从初步统计情况来看，各省对月度信息化存证工作均高度重视，2023 年度的月度信息化存证工作整体完成进度情况良好。

黑龙江省生态环境厅对月度信息化存证工作从单一要求按时上报，向上报时间和质量审核上过渡。采取“审核＋交叉审核＋全覆盖复核”审核方式，市级审核 1 轮，省级审核 3 轮，确保审核不缺项不落项，在确保按时提交率基础上提高数据审核准确率，省市联审模式逐步健全。多次组织各市地生态环境局、各重点排放单位召开工作培训会，聘请专家讲解碳数据质量管理要点。通过组织编写《月度存证操作指引》《月度信息化存证填报指南》，解析审核要点，讲解审核技巧，解答实际操作中发现的问题，指导市一级扎实做好初审工作，不断提高企业碳排放数据质量，2023 年全年月度信息化存证提交率、审核率 100％。

陕西全省 64 家排放企业 2023 全年月度信息化存证审核工作已全部完成，平均每月审核数据 16821 条，全年共审核 201856 条。企业月度信息存证直接通过率由 2023 年初的 29.69％升至年末的 79.69％。陕西省环境调查评估中心将继续按照省厅要求加大 2024 年审核工作力度，积极帮助企业解决碳排放数据存证工作中各类问题，保障存证质量，推动全省企业温室气体排放管理工作规范开展。

江西省生态环境厅在全省各地碳排放重点排放单位名录确定后，建立碳排放重点企业三级管理机制，科学分级管理碳排放重点企业。其中第一层级是发电行业重点排放单位，按照全国碳市场要求，严格进行年报、月度信息存证和日常监管。在每年按照“动员部署、全面排查、汇总分析、分类整改、重点抽查、深入总结”六个步骤开展碳排放数据质量检查的基础上，建立“省—市”二级联审的碳排放数据质量日常监管机制，对企业月度信息化存证工作进行跟踪督办，定期抽查通报。

从企业角度，企业自身也可以从内部管理机构制度建设方面完善碳信息披露的管理，增强碳信息披露的质量及可靠程度。

企业通过增设内部碳管理机构，可以加强对碳资产的管理运营，规范碳信息披露内容，提高碳信息披露质量，帮助公司按时完成履约任务。进行完整、充分的碳信息披露，可以帮助公司在碳市场上建立起一个良好的信誉，向利益相关者传达出自己经营合乎环保规范的积极信号，进而提高外部投资者对公司的好感度，让公司能够得到更多的融资机会。企业除了规范内部碳管理机构设置，可以聘请专业人才管理企业碳信息，跟踪和指导企业碳减排工作，对碳资产进行核算监督，确保企业按规定完成履约目标。企业应该积极地面对全国碳排放交易市场的运作，对碳交易管理条例、碳配额分配方案等碳交易市场中的重要政策进行深入的学习，主动地提出自己的看法和建议，并在政府的指导下为自身争得更多的优惠政策。同时，企业也应该制定相应的碳交易管理制度，构建与全国碳市场相匹配的碳交易管理模式，让企业能够更好地与碳排放权的市场化运作相匹配，为企业完成履约目标，实现碳资产增值受益奠定基础。特别是针对集团企业旗下的基层单位，应该将其委托给碳资产公司，展开一对一的培训，帮助他们顺利地完成碳排放核算和碳交易等工作，加强对碳交易的统一化专业化管理体系的构建，并定期地进行与碳交易有关的业务培训，持续地提升企业的碳交易管理水平。另外，企业要定期进行数据上报、核查、迎接检查、开设账户、配合开展系统测试等工作。

### 7.3.3 月度信息化存证的典型问题

虽然月度信息化存证工作整体上较为顺利，但在对部分省份月度信息化存证情况的抽查中，会不可避免地发现存证不及时、存证不规范、存证信息存疑和数据质量控制计划内容不全或执行不到位等问题线索，具体案例分析如下。

存证信息存疑的可能问题线索主要表现为：单位热值含碳量、低位发热量、供热煤耗、供电煤耗、供热碳排放强度、供电碳排放强度、排放量等偏离合理区间。

其中一个案例是个别企业月度信息化存证中排放量超过千万吨，甚至上亿吨，可能原因是企业填报时出现燃料消耗量或低位发热量或元素碳含量参数数量级错误，如燃煤低位发热量数量级通常为10，但有企业填报的数据值上万，分析原因为单位换算或填报错误。还有部分企业单位热值含碳量过高或过低，待进一步核实确认，这可能是由于填报的单位热值含碳量等参数缺省值与《核算报告指南》要求不符，同时还存在填报数据与上传支撑材料中的数据不一致，不同参数数值之间逻辑不通的情况。

存证不规范的可能问题线索主要表现为：支撑材料同一文件重复上传或与上传要求不符，存在“一表多用”现象。例如某企业“每日/每月燃料检测记录或煤质分析原始记录”，上传的是月度委外检测元素碳含量的报告，而对于“每月单位热值含碳量检测原始记录或有资质的机构出具的检测报告”则未上传材料。还有企业上传的“月度/年度燃料购销存记录”附件仅有燃煤的材料，机组辅助燃油上述材料则未提供。总之存在填报多项参数的支撑材料缺失的问题。

数据质量控制计划内容不全或执行不到位的可能问题线索主要表现为：企业质量控制计划中对于燃煤低位发热量的数据获取方式为实测值，而有的月份存证的确定方式则为缺省值，并且未提供说明材料；企业机组燃料参数月度存证的具体数值与数据质量控制计划中不一致；企业质量控制计划中仅制订了对于主体燃料的监测方式，而对于辅助燃料，如燃煤机组的柴油，则未制订相应的监测方式；已制订的机组燃料排放监测信息不完整，如“数据的确定方式”项中数据来源、测量设备、数据记录频次相关信息不完整、不详细。

存证不及时的可能问题线索主要表现为：个别企业部分月份存证信息超过存证要求的期限；企业发生关停并转等特殊情况，但未及时了解和更新说明，造成月度存证缺失。

为了保证月度信息化存证工作的有序规范进行，重点排放单位也需切实提高对碳排放数据质量重要性的认识，了解自身温室气体排放情况和数据质量管理相关政策文件及技术规范；认真编制数据质量控制计划，并严格按照数据质量控制计划开展相关测量活动，及时、完整、准确提交月度存证材料；确保碳排放管理人员专岗专责，有效实施内部管理制度，严把碳排放数据质量企业关，并积极参与能力建设活动。

## 思考题

(1) 企业碳排放报告具体包含哪几部分内容？

(2) 碳排放报告存证的内容要求有哪些？

(3) 碳排放管理平台有哪些作用？

(4) 信息化存证工作管理部门和重点排放单位各有哪些职责和义务？

(5) 月度信息化存证填报有哪些常见问题和注意事项？

# 8 企业碳排放核算边界管理

确定碳排放核算边界是碳排放核算的第一步，作用至关重要。核算边界包括核算组织的地理边界和设施边界。目前碳排放核算存在很多边界不清晰的现象，如大型集团企业下属子公司众多，碳排放核算地理边界是集团直属的生产设施的排放，还是包括下属子公司的碳排放情况，集团公司核算地理边界不清晰。另外，不同监管部门发布的核算指南对设施边界的规定也不一致。上述情况都会导致企业在实际碳核算过程中无所适从。因此，碳排放核算边界的确定是碳排放核算的基础和前提，其清晰的定义有助于企业系统地掌握各环节能源资源消耗和原材料碳排放水平。

本章主要介绍企业碳排放核算边界的相关概念以及确定过程，重点讨论发电机组信息的识别以及填报过程中的各种要求和注意事项。碳排放发电机组信息填报内容包括机组投产时间、发电燃料类型、装机容量、压力参数、冷却方式、机组排放量、发电量、供电量、供热量及供热比等，这些信息的填报对于评估机组的碳排放量、能效以及进行碳排放配额的分配具有重要意义，因此确保填报信息的真实性对于准确评估机组的碳排放责任和履约情况至关重要。本章最后还简要介绍纳入配额管理的机组判定标准以及对生物质掺烧机组的纳入与否的判定。通过系统梳理总结企业碳排放核算边界相关内容，旨在为企业做好碳排放配额管理、核算企业碳排放配额提供理论依据。

## 8.1 如何确定核算边界

### 8.1.1 核算边界的概念

碳排放核算边界是指在进行碳排放核算时所设定的范围。它确定了需要被纳入计算的碳排放源和影响因素，以及不应计入的因素。通过界定碳排放核算的边界，可以确保计算结果的准确性和可比性。碳排放核算边界的确定是碳排放核算的基础，它直接关系到碳排放量的准确计算。一个清晰的核算边界能够确保碳排放数据的准确性和可靠性，从而为政策制定和企业决策提供科学依据。如果边界设置不当，可能会导致碳排放量的高估或低估，进而影响对实际碳排放情况的准确判断。碳排放核算边界的确定还有助于提高企业碳排放管理的效率。通过明确哪些活动或过程需要纳入碳排放核算，企业可以更有针对性地采取措施减少碳排放，提高资源利用效率，从而实现可持续发展目标。在碳排放核算边界中，行业边界最为常见，是指根据不同行业的特点，设定碳排放核算的行业边界。

**电力行业的核算边界**为发电设施，主要包括燃烧系统、汽水系统、电气系统、控制系统和除尘及脱硫脱硝等装置的集合，不包括厂区内其他辅助生产系统以及附属生产系统。

发电设施核算边界如图 8-1 中虚线框内所示。

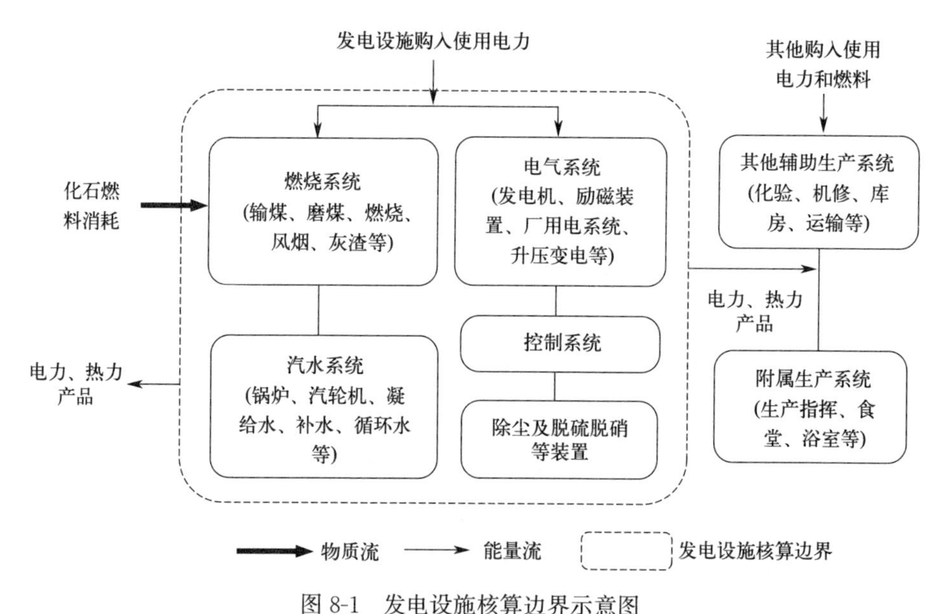


图 8-1　发电设施核算边界示意图

（资料来源：《企业温室气体排放核算与报告指南　发电设施》）

具体而言，火电厂发电设施核算边界具体包括燃烧系统、汽水系统、电气系统以及控制系统等。

（1）燃烧系统

燃烧系统由输煤、磨煤、燃烧、风烟、灰渣等环节组成，其流程如图 8-2

所示。

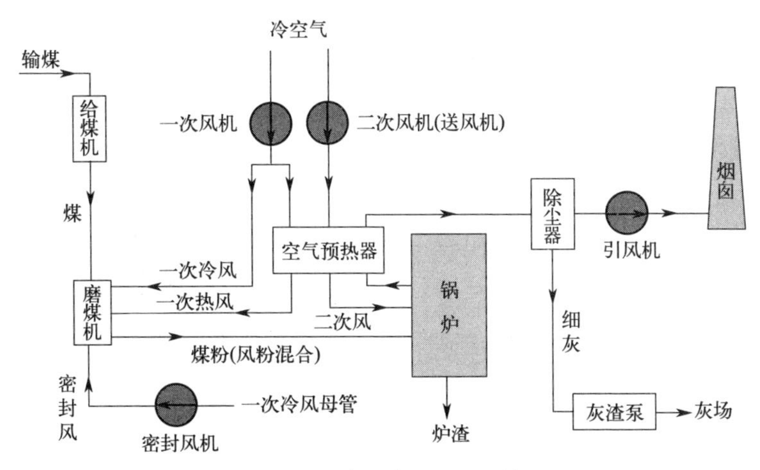


图 8-2　燃烧系统（烟风系统）

① 输煤环节。储煤场中的煤炭经过破碎、筛分、除杂等处理后通过带式输送机等设备输送到锅炉的原煤斗。

② 磨煤环节。煤从原煤仓落入煤斗，由给煤机送入磨煤机磨成煤粉，并经空气预热器带来的一次风烘干并带至粗粉分离器。在粗粉分离器中将不合格的粗粉分离返回磨煤机再行磨制，合格的细煤粉被一次风带入旋风分离器，使煤粉与空气分离后进入煤粉仓。

③ 燃烧环节。煤粉由可调节的给粉机按锅炉需要送入一次风管，同时由旋风分离器送来的气体由排粉风机提高压头后作为一次风将进入一次风管的煤粉经喷燃器喷入炉膛内燃烧。

④ 风烟环节。送风机将冷风送到空气预热器加热，加热后的气体一部分经磨煤机、排粉风机进入炉膛，另一部分经喷燃器外侧套筒直接进入炉膛。炉膛内燃烧形成的高温烟气，沿烟道经过热器、省煤器、空气预热器逐渐降温，再经除尘器除去灰尘，经引风机送入烟囱，排向天空。

⑤ 灰渣环节。炉膛内煤粉燃烧后生成的小灰粒被除尘器收集成细灰排入冲灰沟，燃烧中因结焦形成的大块炉渣下落到锅炉底部的渣斗内，经过碎渣机破碎后也排入冲灰沟，再经灰渣水泵将细灰和碎炉渣经冲灰管道排往灰场。

（2）汽水系统

火电厂的汽水系统由锅炉、汽轮机、凝汽器、除氧器、加热器等设备及管道构成，包括凝给水系统、再热系统、回热系统、冷却水（循环水）系统和补水系统，如图 8-3 所示。

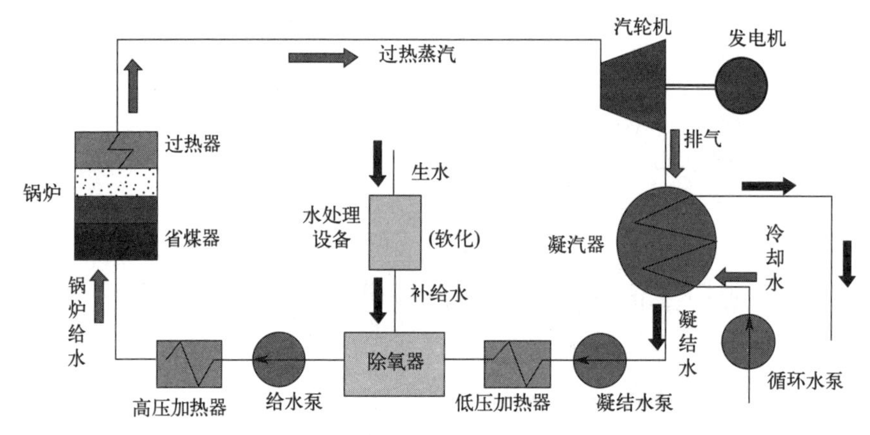


图 8-3　汽水系统

① 凝给水系统。由锅炉产生的过热蒸汽沿主蒸汽管道进入汽轮机，高速流动的蒸汽冲动汽轮机叶片转动，带动发电机旋转产生电能。在汽轮机内做功后的蒸汽，其温度和压力大大降低，最后排入凝汽器并被冷却水冷却凝结成凝结水，汇集在凝汽器的热水井中。凝结水由凝结水泵打至低压加热器中加热，再经除氧器除氧并继续加热，从除氧器出来后经给水泵升压和高压加热器加热，最后送入锅炉汽包。

② 补水系统。在汽水循环过程中总难免有汽、水泄漏等损失，为维持汽水循环的正常进行，必须不断地向系统补充经过化学处理的软化水，这些补给水一般补入除氧器或凝汽器中。

③ 冷却水系统。为了将汽轮机中做功后排入凝汽器中的乏汽冷凝成水，需由循环水泵从凉水塔抽取大量的冷却水送入凝汽器，冷却水吸收乏汽的热量后再回到凉水塔冷却，冷却水是循环使用的。

(3) 电气系统

发电厂的电气系统，包括发电机、励磁装置、厂用电系统和升压变电所等，如图 8-4 所示。

发电机发出的电能，其中一小部分（占发电机容量的 4%～8%）由厂用变压器降低电压（一般为 63kV 和 400V 两个电压等级）后，经厂用配电装置由电缆供给水泵、送风机、磨煤机等各种辅机和电厂照明等设备用电，称为厂用电（或自用电）。其余大部分电能，由主变压器升压后，经高压配电装置、输电线路送入电网。

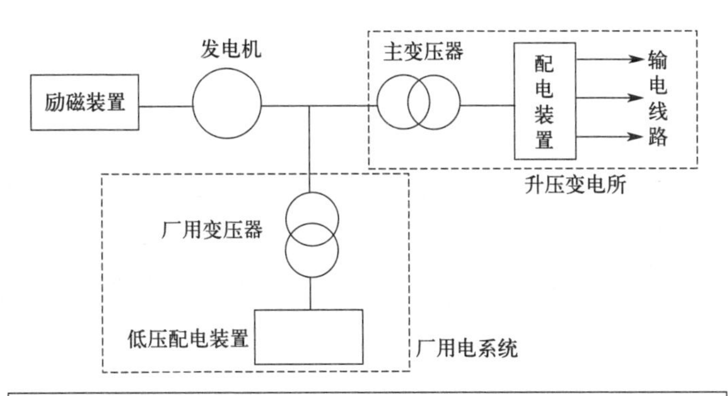


- **汽轮发电机控制系统：**
  - 运行参数显示：功率、频率、电压、电流、功率因数等。
  - 励磁调节：用于控制发电机电压，并保持电压基本稳定，并调无功。
  - 运行操作：并网和解列，并设有自动准同步装置。
  - 安全保护：接地保护、异常运行保护、后备保护、辅助保护等。

- **厂用电控制系统：**
  - 设有备用电源和紧急直流电源：确保厂用电不中断。

图 8-4　电气系统

## 8.1.2　企业的法人核算边界和履约边界

想要算准排放量，确定核算边界是基础。对于企业来说需要核算的有两个边界，一个是法人边界，又叫企业边界，顾名思义核算的是厂区内所有生产设施产生的温室气体排放；另一个是履约边界，又叫补充数据表边界，核算的是发电机组的排放量。因为两个边界的排放量都是排放报告的重要计算结果，所以两个边界的确定都很重要。但由于碳市场交易履约按照履约边界执行，因此企业更应重视履约边界。法人边界和履约边界的对比见表 8-1。

**表 8-1　法人边界和履约边界的对比**

| 排放大类 | 排放小类 | 法人边界 | 履约边界 |
| --- | --- | --- | --- |
| 化石燃料燃烧排放 | 燃煤燃烧排放 | √ | √ |
| | 点火助燃柴油燃烧排放 | √ | √ |
| 脱硫过程排放 | | √ | |
| 净购入电力排放 | | √ | √ |

在边界方面，还有几个需要注意的要点：若排放设施的运营控制权归企业所有，则相应排放应该纳入法人边界，若不归企业所有则不用纳入；对于供热锅炉，所产蒸汽直接外供（不进入汽轮机做功）的排放量应纳入法人边界，但不纳

入履约边界；企业厂界内的车辆汽柴油燃烧排放、食堂灶具排放，以及家属楼或住宅区消耗化石燃料及外购电力而产生的排放，原则上不在核算范围内。

企业法人边界和履约边界的排放量计算方法一致。但需要注意的是，**企业法人边界**是以整个企业作为整体，因此统计的燃煤消耗量、燃煤低位发热量等参数统计全厂的总数即可；但在**履约边界**中，是以每个机组作为单独个体，因此这些排放量计算参数及补充数据表数据需要分机组进行统计。若某些参数如燃料消耗量、低位发热量、单位热值含碳量、供电量或者供热量无法分机组计量的，可视情况将机组合并计算。

碳排放履约是基于第三方核查机构对重点排放单位进行审核，将其实际二氧化碳排放量与所获得的配额进行比较，配额有剩余者可以出售配额获利或者留到下一年使用，配额不足者则必须在市场上购买配额或抵消，并按照碳排放权交易主管部门要求提交不少于其上年度经确认排放量的排放配额或抵消量。

我国碳市场于2021年7月16日正式上线，第一个履约周期共纳入发电行业重点排放单位2162家，年覆盖二氧化碳排放量约45亿吨；第二个履约周期共纳入发电行业重点排放单位2257家，年覆盖二氧化碳排放量超过50亿吨，从可交易的二氧化碳排放规模来看，我国碳市场是全球规模最大的碳市场。

## 8.2 发电设施核算边界

### 8.2.1 厂区平面图确认备案

工厂总平面图布置是指厂区范围内的车间、仓库、运输线路、管道及其他建筑物的空间总体配置。主要任务是把整个企业作为一个系统，根据厂区地形和生产工艺流程要求，统筹兼顾，全面安排企业内各建筑物的位置，以利于生产的正常进行，同时也便于核查工作的进行。

为进一步加强电力市场准入监管和电力建设施工安全监管，国家能源局出台《电力建设工程备案管理规定》，对电力建设工程的备案范围、备案责任主体、备案内容、备案程序、备案变更、备案的管理权限等作出规定，该规定于2013年1月1日起施行。

电力工程建设（管理）单位是电力建设工程备案的责任主体，具体负责向电力监管机构备案并对备案内容的真实性负责。

电力建设工程备案内容主要包括以下几点：

① 项目基本情况，包括项目名称、地点、审批或者核准情况、开工报告批准情况、主要建设内容、施工工期及进度安排、招标时间及招标文件编号、项目是否符合环境保护、安全有关规定和要求等。

② 电力工程建设（管理）单位基本情况，包括单位名称、地址，取得电力业务许可证情况，项目负责人和安全管理机构负责人姓名及联系方式。

③ 参建单位（含设计、施工、监理单位等）基本情况，包括参建单位名称、项目负责人姓名及联系方式、取得承装（修、试）电力设施许可证及其他资质证书情况，主要工作内容等。

④ 安全管理措施，包括安全生产组织体系、安全投入计划、施工组织方案、安全保障和应急处置措施等内容。

⑤ 当地电力监管机构要求备案的其他材料。

对于110kV及以下电网建设工程，以及5万千瓦（不含5万千瓦）以下范围的发电建设工程（不含小水电工程）等建设工期短、投资规模小的电力建设工程，可以仅备案①、②、⑤所列内容或项目建设计划。

## 8.2.2 工艺流程和用能设备

**检查要点：**在对发电设施边界的检查中，重点查看厂区平面图、工艺流程图、主要用能设备清单等文件，检查企业核算边界是否真实、完整。

### 8.2.2.1 工艺流程

火力发电厂由锅炉、汽轮机、发电机三大主要设备及相应辅助设备组成，它们通过管道或线路相连构成生产主系统，即燃烧系统、汽水系统和电气系统。燃烧电厂工艺流程示意图见图8-5，其生产过程简介如下。

（1）燃烧系统

燃烧系统包括锅炉的燃烧部分及输煤、除灰和烟气排放系统等。

煤由皮带输送到锅炉车间的煤斗，进入磨煤机磨成煤粉，然后与经过预热器预热的空气一起喷入炉内燃烧，将煤的化学能转化成热能，烟气经除尘器清除灰分后，由引风机抽出，经高大的烟囱排入大气。炉渣和除尘器下部的细灰由灰渣泵排至灰场。

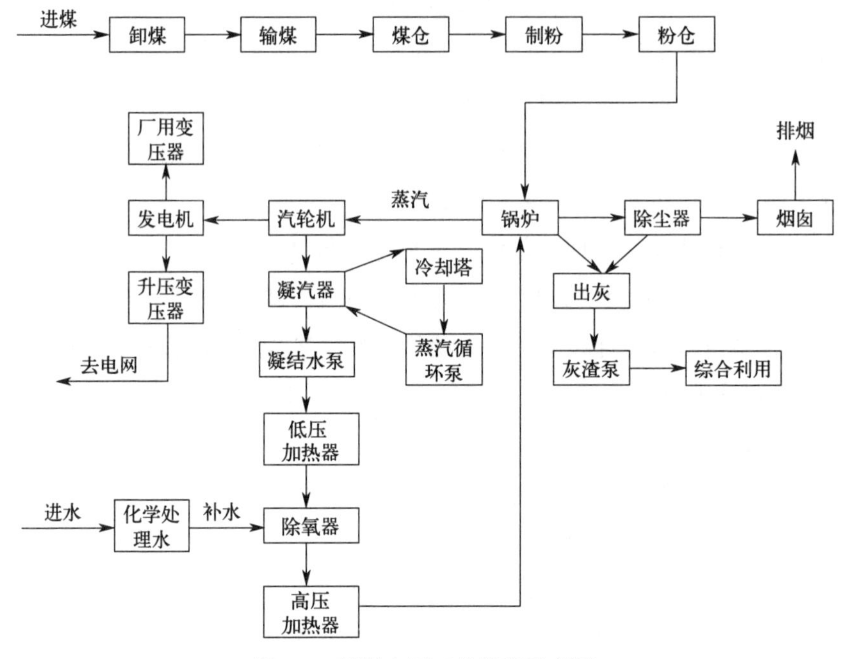


图 8-5　燃煤电厂工艺流程示意图

(2) 汽水系统

汽水系统包括锅炉、汽轮机、凝汽器及给水泵等组成的汽水循环和水处理系统、冷却水系统等。

水在锅炉中加热后蒸发成蒸汽，经过热器进一步加热，成为具有规定压力和温度的过热蒸汽，然后经过管道送入汽轮机。在汽轮机中，蒸汽不断膨胀，高速流动，冲击汽轮机的转子，以额定转速旋转，将热能转化成机械能，带动与汽轮机同轴的发电机发电。

在膨胀过程中，蒸汽的压力和温度不断降低。蒸汽做功后从汽轮机下部排出至凝汽器，排出的蒸汽称为乏汽。在凝汽器中，汽轮机的乏汽被冷却水冷却，凝结成水。凝汽器下部所凝结的水由凝结水泵升压后进入低压加热器和除氧器，提高水温并除去水中的氧（以防止腐蚀炉管等），再由给水泵进一步升压，然后进入高压加热器，回到锅炉，完成“水—蒸汽—水”的循环。给水泵出来后的凝结水称为给水。汽水系统中的蒸汽和凝结水在循环过程中总会有一些损失，因此，必须不断向给水系统补充经过化学处理的水。补给水进入除氧器，同凝结水一起由给水泵打入锅炉。

(3) 电气系统

电气系统包括发电机、励磁系统、厂用电系统和升压变电站等。

发电机的机端电压和电流随其容量不同而变化，其电压一般在10～20kV之间，电流可达数千安至20kA。因此，发电机发出的电，一般由主变压器升高电压后，经变电站高压电气设备和输电线送往电网。极少部分电，通过厂用变压器降低电压后，经厂用电配电装置和电缆供厂内风机、水泵等各种辅机设备和照明等用电。

#### 8.2.2.2 主要用能设备

火电厂主要用能设备明细详见表8-2，主要设备及其基本功能如下。

① 一次风机：干燥燃料，将燃料送入炉膛，一般采用离心式风机。

② 送风机：克服空气预热器、风道、燃烧器阻力，输送燃烧风，维持燃料充分燃烧。

③ 引风机：将烟气排除，维持炉膛压力，形成流动烟气，完成烟气及空气的热交换。

④ 磨煤机：将原煤磨成所需细度的煤粉，完成粗细粉分离及干燥。

⑤ 皮带机：物料置于上分支上，利用驱动滚筒与皮带之间的摩擦力曳引输送带和物料运行。

⑥ 空压机：汽轮机或电动机带动压缩机主轴叶轮转动，在离心力作用下，气体被甩到工作轮后面的扩压器中去。

⑦ 炉水循环泵：建立和维持锅炉内部介质的循环，完成介质循环加热的过程。

⑧ 给水泵：将除氧水箱的凝结水通过给水泵提高压力，经过高压加热器加热后，输送到锅炉省煤器入口，作为锅炉主给水。

**表8-2　某热电厂主要用能设备明细表示例**

| 序号 | 设备名称 | 设备编号 | 设备型号 | 安装地点 | 用能种类 | 设备功率/kW | 备注 |
|---|---|---|---|---|---|---|---|
| 1 | 1#炉一次风机 | B30001A | YKK500-4 | 锅炉区域 | 电 | 900 | |
| 2 | 1#炉二次风机 | B30002A | YKK400-4 | 锅炉区域 | 电 | 450 | |
| 3 | 1#引风机 | B30003A | YKK500-6 | 锅炉区域 | 电 | 710 | |
| 4 | 2#引风机 | B30003B | YKK500-6 | 锅炉区域 | 电 | 710 | |
| 5 | 1#空压机 | K49001A | Y3552-2 | 1#空压站 | 电 | 250 | |
| 6 | 1#高压启动油泵 | P30009A | YB2315M | 汽轮机区域 | 电 | 132 | |
| 7 | 1#气化给水泵 | P30017A | YKS4002-2 | 给水泵区域 | 电 | 500 | |
| 8 | 1#脱硫塔循环泵 | P30101A | YE3-315 | 脱硫区域 | 电 | 110 | |
| 9 | 1#锅炉给水泵 | P30015A | YK1000-2 | 给水泵区域 | 电 | 1000 | |
| 10 | 给水泵A | P30019A | Y3315S-2 | 给水泵区域 | 电 | 110 | |
| … | | | | | | | |

### 8.2.3 发电设施的地理边界及排放源的变动情况

**检查要点：**问询是否存在发电设施地理边界变化、主要生产运营系统关停或新增项目生产等情况；问询核算边界、排放源等较上一年度变化情况。

发电设施温室气体排放源包括化石燃料燃烧产生的二氧化碳排放、购入使用电力产生的二氧化碳排放。其中，化石燃料燃烧产生的二氧化碳排放一般包括发电锅炉（含启动锅炉）、燃气轮机等主要生产系统消耗的化石燃料燃烧产生的二氧化碳排放，以及脱硫脱硝等装置使用化石燃料加热烟气的二氧化碳排放，不包括应急柴油发电机组、移动源、食堂等其他设施消耗化石燃料产生的排放。对于掺烧化石燃料的生物质发电机组、垃圾（含污泥）焚烧发电机组等产生的二氧化碳排放，仅统计燃料中化石燃料的二氧化碳排放。对于掺烧生物质（含垃圾、污泥）的化石燃料发电机组，应计算掺烧生物质热量占比。

核查过程中，首先是通过与重点排放单位管理人员和排放报告联系人交流，查阅合并、分立、关停或迁出核定文件；同时现场观察发电设施（包括燃烧系统、汽水系统、电气系统、控制系统以及除尘脱硫脱硝装置等）等方式确认以下情况：

① 重点排放单位在核算年度是否存在合并、分立、关停和搬迁的情况；

② 发电设施地理边界较上一年度是否存在变化；

③ 既有发电设施在核算年度是否存在关停的情况；

④ 确认核算年度较上一年度是否有新增机组。

其次是与信息平台中的信息对比，确认发电设施信息的一致性。

此外，还可以查阅机构简介、组织结构图、厂区平面图、电力业务许可证、发电设施清单、项目批复、环评批复等文件。通过电子地图等应用软件现场确认地理位置，核实发电设施经纬度是否为文件中机组所在地点的经纬度。

## 8.3 企业发电机组信息

### 8.3.1 发电机组的分类

根据燃料类型可将发电机组划分为燃煤、燃油或者燃气机组。由于原料成本、运行成本、技术成熟度等原因，我国火电发电量中煤电占据绝对主导地位，约占比 92%，气电占比 4%。燃煤电厂和燃气电厂原理大同小异，都是先将燃料的化学能转化为机械能，再通过透平机和发电机将机械能转化为电能，但主要设备和系统流程却相差甚远。

燃煤发电机组主要由燃烧系统（以锅炉为核心）、汽水系统（主要由各类泵、给水加热器、凝汽器、管道、水冷壁等组成）、电气系统（以汽轮发电机、主变压器等为主）、控制系统等组成。燃烧系统和汽水系统产生高温高压蒸汽；电气系统实现由热能、机械能到电能的转化；控制系统保证各系统安全、合理、经济运行。燃煤发电作为一种传统的发电方式也有其弊端和不足之处，如煤炭直接燃烧排放的 $SO_2$、$NO_x$ 等酸性气体不断增长，使得我国的酸雨量增加，粉尘污染对人们的生活及植物的生长造成不良影响。因此要不断地改进燃煤发电的流程，利用各种技术提高发电效率，减少环境污染，如对烟尘采用脱硫除尘处理或改烧天然气，汽轮机改用空气冷却。

燃气轮发电机是以连续流动的气体为工质带动叶轮高速旋转，将燃料的能量转化为有用功的内燃式动力机械，是一种旋转叶轮式热力发动机，主要由燃气轮机与发电机组成。燃气轮机的工作过程是：压气机连续从大气中吸入空气并将其压缩；压缩后的空气进入燃烧室，与喷入的燃料混合后燃烧，成为高温燃气，随即流入燃气透平中膨胀做功，推动透平叶轮带着压气机叶轮一起旋转；加热后的高温燃气的做功能力显著提高，因而燃气透平在带动压气机的同时，尚有余功作为燃气轮机的输出机械功。燃气机组具有体积小、重量轻、安装启动快，运行安全方便，成本效益高，排放污染低等优点。

燃煤电站锅炉主要有煤粉锅炉和循环流化床锅炉两类，二者最大区别是燃料的状态不同，分别为煤块粉状和流态化。

① 煤粉锅炉是以煤粉为燃料的锅炉设备。原煤经筛选、破碎和研磨成大部分粒径小于 0.1mm 的煤粉后，经燃烧器喷入炉膛作悬浮状燃烧。煤粉喷入炉膛后能很快着火，烟气能达到 1500℃左右的高温。但煤粉和周围气体间的相对运动很微弱，煤粉在较大的炉膛内停留 2～3s 才能基本上烧完，故煤粉锅炉的炉膛容积常比同蒸发量的层燃炉炉膛大一倍。这种锅炉的优点为能燃烧各种煤且燃烧较完全，所以锅炉容量可做得很大，适用于大、中型及特大型锅炉。锅炉效率一般可达 90%～92%。其缺点为附属机械多，自动化水平要求高，锅炉给水须经过处理，基建投资大。

② 循环流化床锅炉采用流态化燃烧技术，当气流流过固体颗粒时，两者之

间产生相互作用，该作用力使流体与固体的运动状态发生变化。当流体流速增加到某一速度值后，固体颗粒重力不再由底板的支持力来平衡，而全部由流体的作用力来平衡，此时对于单个颗粒来讲，它处于悬浮状态，可在床层中自由运动，就整个床层而言，具有了类似流体的性质，这种状态就被称为固体颗粒流化态。流化床一般着火没有困难，因此该锅炉的煤种适应性较广；同时燃烧效率和强度高，炉膛截面积小，负荷调节快；还可以高效脱硫、降低氮氧化物，是一种洁净煤燃烧技术。

汽轮机也称蒸汽透平发动机，是一种旋转式蒸汽动力装置，高温高压蒸汽穿过固定喷嘴成为加速的气流后喷射到叶片上，使装有叶片排的转子旋转，同时对外做功。

汽轮机按照**热力特征**，可分为凝汽式、背压式、抽汽式等类型；按照**主蒸汽压力**可分为中压、高压、超高压、亚临界、超临界、超超临界；按照**冷却方式**通常分为水冷（开式或闭式）与空冷（直接空冷或间接空冷）。

（1）按热力特征分类

凝汽式汽轮机的排汽压力低于大气压力，这种类型的汽轮机在发电过程中，蒸汽在做功后全部排放到凝汽器中，因此每吨蒸汽发的电较多，即发电汽耗率低，凝汽器中的凝结水则返回锅炉，用于再次加热产生蒸汽进行发电。由于凝汽式汽轮机的主要目的是发电，而不是供热，不能避免冷源损失，此外凝汽式汽轮机的结构较为复杂，金属材料消耗多，这增加了其制造成本和运行维护的复杂性。

背压式汽轮机的排汽压力大于大气压力，其排汽全部用于供热，几乎不发电。背压式汽轮机的特点是其排汽全部供给其他汽轮机或用户使用，没有凝汽器和冷却水系统，结构简单，造价低。背压式汽轮机的能量利用效率较高，但由于其发电量取决于供热量，不能独立调节以满足热用户和电用户的需要，因此多用于热负荷稳定的企业自备电厂或地区性热电厂。

抽汽式汽轮机则结合了凝汽式汽轮机和背压式汽轮机的特点，它从汽轮机中间某一级中抽出部分已经做了功的蒸汽来供给其他用户使用，另一部分蒸汽则排入凝汽器凝结成水返回锅炉。这种类型的汽轮机既可以供热又可以发电，但热经济性比背压式机组差，且由于有凝汽设备和辅助设备，其结构相对复杂，造价较高。抽汽式汽轮机适用于负荷变化较大的地区性热电厂，能够在较大范围内同时满足热负荷和电负荷的需要。

（2）压力等级划分

汽轮机的压力等级划分主要依据其主蒸汽压力进行分类，一般为：中压≤4.9MPa，典型压力3.83MPa；高压7.84～10.8MPa，典型压力9.81MPa；超高压11.8～14.7MPa，典型压力13.7MPa；亚临界15.7～19.6MPa，典型压力16.7MPa；超临界25～27MPa；超超临界>27MPa。

（3）冷却方式

汽轮机排汽冷却方式通常分为水冷与空冷。水冷分为开式和闭式，空冷也分为直接空冷和间接空冷。

“开式”水冷是指循环冷却水从江、河、湖、海等自然水体取水用于冷却后，再排放到自然水体中；“闭式”水冷是指使用过的冷却水经过冷却塔降温后再反复使用。

直接空冷是指汽轮机的排汽直接用空气来冷凝，乏汽在空冷凝汽器（空冷岛）中依靠轴流风机进行表面换热冷却，凝结成水后，回到热井（或凝结水箱），继而进入热力系统；间接空冷根据冷却原理不同可分为汽轮机做完功的乏汽与冷却水混合换热的间接空冷系统、汽轮机做完功的乏汽与冷却水表面换热的间接空冷系统以及采用冷却剂的间接空冷系统。

**联合循环发电技术（CCPP）**是由燃气轮机发电和蒸汽轮机发电叠加组合起来的联合循环发电装置，与传统的蒸汽发电系统相比，具有发电效率高、成本低、效益好等特点。CCPP工艺流程首先是燃气轮机发电，燃料在燃气轮机中燃烧，燃烧产生高温高压的燃气，燃气高速旋转的叶轮带动轴，轴再驱动发电机转动，产生电能；然后，燃气轮机排出的高温低压废气进入烟气余热锅炉，在余热锅炉中废气低压通过换热方式将水加热成高压蒸汽或热水。高温高压的蒸汽通过蒸汽管道供应给蒸汽轮机，通过叶片的扩张运动驱动旁边的轴转动，进而驱动发电机发电。这样，利用燃气轮机产生的高温低压废气和蒸汽轮机产生的高压蒸汽，实现了两个不同的能源的有效利用。

**整体煤气化燃气-蒸汽联合循环发电（IGCC）**的主要工艺流程是，煤在氮气的带动下进入气化炉，与空分系统送出的纯氧在气化炉内燃烧反应，生成合成气（有效成分主要为CO、$H_2$），经除尘、水洗、脱硫等净化处理后，到燃气轮机做功发电，燃气轮机的高温排气进入余热锅炉加热给水，产生过热蒸汽驱动汽轮机发电。

## 8.3.2 发电机组信息的填报

**检查要点：**发电设施机组的信息可以通过排污许可证载明信息、机组运行规程、机组铭牌、燃料类型等进行确认。判断是否存在多报、漏报机组，机组规模填写是否真实，机组类型、装机容量、冷却方式等与排污许可证、电力业务许可证、现场铭牌检查是否一致。

燃煤机组信息的判断可参考以下条件，但不作为最终结果判定依据。通过生产报表的信息，确认输出的能源产品，结合主管机构的核准文件或备案文件，判断是纯凝机组还是热电联产机组。对于燃煤机组—锅炉或汽轮机，以及燃气机组或燃气蒸汽联合循环发电机组、整体煤气化燃气—蒸汽联合循环发电机组等特殊机组，应理解机组型号中字母和数字的含义；锅炉及发电系统的编号统一采用排污许可证中对应编码；若机组无排污许可证，应要求重点排放单位根据《排污单位编码规则》进行编号。

燃气机组信息的判断也可参考以下条件，但不作为最终结果判定依据。主要以燃机透平进口温度、燃机功率来划分各燃机制造商的燃气轮机等级。B级燃机透平进口温度约为1000℃，燃机功率小于100MW；E级燃机透平进口温度约为1200℃，燃机功率为100～200MW；F级燃机透平进口温度为1300～1400℃，燃机功率为200～350MW；H级燃机透平进口温度在1400℃以上，燃机功率为350～600MW；分布式机组通常为冷、热、电三联供机组，用于区域（工业园区等）、建筑群或独立楼宇。

特殊情况可参考以下处理方式：

① 对于多台机组拆分与合并填报的情况，应核实是否与数据质量控制计划一致；

② 燃煤机组即使登记为纯凝发电机组，如果存在供热，包括少量供热，也应按热电联产机组处理；

③ 每台燃煤机组需填写是常规燃煤机组还是非常规燃煤机组，同时需注明是否属于循环流化床机组、整体煤气化联合循环发电机组；

④ 如依据排污许可证载明信息、机组运行规程、铭牌无法判断为非常规燃煤机组，可查阅项目批复进行验证；

⑤ 掺烧生物质的机组要报告生物质种类、锅炉产热量、锅炉效率、生物质热量占比等信息。

按发电机组进行填报，如果机组数多于1个，应分别填报。对于CCPP机组，视为一台机组进行填报。合并填报的参数计算方法应符合以下要求，即同一法人边界内有两台或两台以上机组的，在产出相同（都为纯发电或者都为热电联产）、机组压力参数相同、装机容量等级相同、锅炉类型相同（如都是煤粉锅炉或者都是流化床锅炉）、汽轮机排汽冷却方式相同（都是水冷或空冷）时：①如果为母管制或其他情形，燃料消耗量、供电量或者供热量中有任意一项无法分机组计量的，可合并填报；②如果仅有低位发热量或单位热值含碳量无法分机组计量的，可采用相同数值分机组填报；③如果机组辅助燃料量无法分机组计量的，可按机组发电量比例分配或其他合理方式分机组填报。

机组信息填报示例见表8-3。

**表8-3 机组信息填报示例**

| 机组名称 | 信息项 | | | 填报内容 |
|---|---|---|---|---|
| 1＃机组 | 燃料类型① | | | （示例：燃煤、燃油、燃气）明确具体种类 |
| | 燃料名称 | | | （示例：无烟煤、柴油、天然气） |
| | 机组类别② | | | （示例：常规燃煤机组） |
| | 装机容量/MW③ | | | （示例：630） |
| | 燃煤机组 | 锅炉 | 锅炉名称 | （示例：1＃锅炉） |
| | | | 锅炉类型 | （示例：煤粉锅炉） |
| | | | 锅炉编号④ | （示例：MF001） |
| | | | 锅炉型号 | （示例：HG-2030/17.5-YM） |
| | | | 生产能力/(t/h) | （示例：2030） |
| | | 汽轮机 | 汽轮机名称 | （示例：1＃） |
| | | | 汽轮机类型 | （示例：抽凝式） |
| | | | 汽轮机编号 | （示例：MF002） |
| | | | 汽轮机型号 | （示例：N630-16.7/538/538） |
| | | | 压力参数⑤ | （示例：中压） |
| | | | 额定功率/MW | （示例：630） |
| | | | 汽轮机排气冷却方式⑥ | （示例：水冷-开式循环） |
| | | 发电机 | 发电机名称 | （示例：1＃） |
| | | | 发电机编号 | （示例：MF003） |
| | | | 发电机型号 | （示例：QFSN-630-2） |
| | | | 额定功率/MW | （示例：630） |

续表

| 机组名称 | 信息项 | | 填报内容 |
|---|---|---|---|
| 1＃机组 | 燃气机组 | 名称/编号/型号/额定功率 | |
| | 燃气蒸汽联合循环发电机组（CCPP 机组） | 名称/编号/型号/额定功率 | |
| | 燃油机组 | 名称/编号/型号/额定功率 | |
| | 整体煤气化联合循环发电机组（IGCC 机组） | 名称/编号/型号/额定功率 | |
| | 其他特殊发电机组 | 名称/编号/型号/额定功率 | |
| … | | | |

资料来源：《企业温室气体排放核算与报告指南　发电设施》。

① 燃料类型按照燃煤、燃油或者燃气划分，可采用机组运行规程或铭牌信息等进行确认。

② 对于燃煤机组，机组类别指常规燃煤机组或非常规燃煤机组，并注明是否循环流化床机组、IGCC 机组；对于燃气机组，机组类别指 B 级、E 级、F 级、H 级、分布式等，可采用排污许可证载明信息、机组运行规程、铭牌等进行确认。

③ 以发电机实际额定功率为准，可采用排污许可证载明信息、机组运行规程、铭牌等进行确认。

④ 锅炉、汽轮机、发电机等主要设施的编号统一采用排污许可证中对应编码。

⑤ 对于燃煤机组，压力参数指：中压、高压、超高压、亚临界、超临界、超超临界。

⑥ 汽轮机排汽冷却方式是指汽轮机凝汽器的冷却方式，可采用机组运行规程或铭牌信息等进行填报。冷却方式为水冷的，应明确是否为开式循环或闭式循环；冷却方式为空冷的，应明确是否为直接空冷或间接空冷。对于背压机组、内燃机组等特殊发电机组，仅需注明，不填写冷却方式。

如发电机的装机容量和排污许可证载明信息不一致，应当识别原因，如存在排污许可证信息有误或更新不及时的，应填写实际信息，同时要求重点排放单位及时更新排污许可证。根据《核算报告指南》，机组容量以发电机容量（额定功率）为准。

如因技改等原因扩大了发电机容量，但未经主管部门批复或许可，应要求重点排放单位的装机容量按原批复或许可的容量填写，同时需在核查结论“核查过程中未覆盖的问题或者特别需要说明的问题描述”部分予以说明，并报告省级生态环境主管部门。

对机组信息的核查具体包括以下方面。

① 燃料的核查：查阅《核算报告指南》要求的证据，包括机组运行规程和铭牌信息，确认燃料的类型和名称填写是否准确，并交叉核对验证。

② 机组类别和装机容量的核查：查阅《核算报告指南》要求的证据，包括排污许可证载明信息、机组运行规程、铭牌，确认机组的类别填写是否准确，并

交叉核对验证。

③ 燃煤锅炉的核查：查阅《核算报告指南》要求的证据，包括排污许可证载明信息，确认锅炉名称、类型、编号、型号、生产能力，并交叉核对验证。

④ 燃煤汽轮发电机的核查：查阅《核算报告指南》要求的证据，包括排污许可证载明信息、机组运行规程，机组铭牌，确认汽轮机的名称、类型、编号、型号、压力参数、额定功率、排汽冷却方式和发电机的名称、编号、型号和额定功率，并交叉核对确认。

⑤ CCPP 机组和 IGCC 机组等特殊机组的核查：查阅《核算报告指南》要求的证据，包括排污许可证载明信息、机组运行规程，机组铭牌，确认燃气机组的名称、编号、型号、额定功率，并交叉核对验证。

### 8.3.3 是否纳入配额分配方案机组的判定

**检查要点：**完整履约年度内，掺烧生物质（含垃圾、污泥）热量年均占比超过 10%，暂不纳入配额管理机组。

《配额方案》对纳入和暂不纳入配额管理的机组判定标准具体见表 5-2 和表 5-3，根据燃料种类和装机容量两个指标将机组划分为四个类别，差异化设置不同类别机组的配额基准值，支持机组掺烧生物质与机组供热，积极发挥政策引导作用。

在我国的碳排放权交易体系中，机组容量是一个重要的分类标准，它决定了机组所属的类别，进而影响其碳排放配额的计算。具体来说，机组根据其容量被划分为不同的类别，其中 300MW 是一个重要的分界线。300MW 等级以上的常规燃煤机组因其较大的规模和影响力，其碳排放配额的计算和分配会有所不同；300MW 等级及以下的常规燃煤机组，与上述类别相比，这类机组的规模较小，其碳排放配额的计算和分配也有所不同。这种分类方式有助于更精细地管理不同类型的发电设施的碳排放，确保碳排放权交易的公平性和有效性。此外，这种分类还考虑到了不同类型机组的运行特性、能源效率以及环境影响等因素，从而更好地实现碳排放的控制和减少。此外，配额分配还考虑了机组的燃料类型。例如，使用特殊化石燃料的发电机组，如煤层气、石油伴生气等，其配额分配也有特别的规定。这种分类和特别规定旨在鼓励使用更清洁的能源，减少温室气体排放，促进可持续发展。

由于煤电掺烧生物质可实现能源的可持续利用，降低化石能源消耗，减少温室气体排放，同时提高生物质资源的利用率，促进循环经济发展，因此煤与生物质耦合混烧发电是我国煤电低碳发展的重要举措。《配额方案》具体规定，除了纯生物质发电机组外，在完整履约年度内，掺烧生物质（含垃圾、污泥等）热量年均占比超过10％且不高于50％的化石燃料机组，暂不纳入配额管理。与此同时，国家发展改革委、国家能源局印发的《煤电低碳化改造建设行动方案（2024—2027年）》（发改环资〔2024〕894号）提出：利用农林废弃物、沙生植物、能源植物等生物质资源，综合考虑生物质资源供应、煤电机组运行安全要求、灵活性调节需要、运行效率保障和经济可行性等因素，实施煤电机组耦合生物质发电。同样也是要求改造建设后煤电机组应具备掺烧10％以上生物质燃料能力，燃煤消耗和碳排放水平显著降低。

## 思考题

（1）企业的法人核算边界和履约边界有何异同？

（2）火力发电基本工艺流程以及主要用能设备有哪些？

（3）发电机组合并填报应符合哪些要求？

（4）发电机的装机容量和排污许可证载明信息不一致，应当如何识别原因？

（5）纳入配额管理的机组判定标准是什么？为什么需要特别关注掺烧机组？

# 9 化石燃料消耗统计管理

化石燃料消耗统计提供了关于能源使用趋势的关键信息，通过分析这些数据，可以了解能源消耗的增长或下降趋势，从而预测未来的能源需求。这对于规划能源生产和分配、确保能源安全以及应对可能的能源短缺具有重要意义。同时通过分析不同燃料的使用情况，可以评估其对空气质量、气候变化和生态系统的影响。在碳排放量计算的过程中，化石燃料的消耗量是计算碳排放量的重要依据之一，特别是燃煤消耗的规范准确统计管理直接影响着碳排放量的核算。

本章首先主要介绍了发电企业化石燃料供应报告及台账记录要求，这也是碳排放核查过程中重点检查的对象，台账记录不仅要求准确规范，不同部门的统计数据也要保证能相互验证，且统计口径具有优先级顺序；其次重点介绍了掺烧燃料的机组中生物质燃料热量的计算方法，生物质燃料掺烧占比直接影响到企业配额的高低；最后详细介绍了燃料计量器具的检定和校准要求，着重分析了常用的汽车衡和皮带秤的测量原理以及校准过程和方法，确保计量过程的准确性。本章通过对化石燃料消耗统计管理工作的系统描述，旨在为企业开展碳排放管理工作中如何把握化石燃料消耗重要环节提供理论依据。

## 9.1 化石燃料供应报告与台账记录

### 9.1.1 企业入厂燃料报告

**检查要点：**在磅房、入炉皮带、燃料仓库等现场，观察企业实际使用燃料种类是否与报告一致；在入炉现场检查皮带秤或给煤机实际计量情况，了解中控传输数据或手抄记录流转过程。检查化石燃料消耗量统计周期与统计口径是否全面，对比入厂汽车衡及轨道衡计量数据、入炉皮带秤或给煤机计量数据与生产系统记录、购销存台账、盘库存记录、购煤合同结算发票等材料中的消耗量数据是否吻合。

火力发电厂燃用的煤通常称为动力煤，其分类方法主要是依据煤的干燥无灰基挥发分进行分类。就动力煤类别来说，主要有褐煤、长焰煤、不黏结煤、贫煤、气煤以及少量的无烟煤。从商品煤来说，主要有洗混煤、洗中煤、粉煤、末煤等。劣质煤主要指对锅炉运行不利的多灰分（大于40%）低热值（小于15.73MJ/kg）的烟煤、低挥发分（小于10%）的无烟煤、水分高热值低的褐煤以及高硫（大于2%）煤等。

进入燃煤电厂煤粉锅炉燃烧的各种燃料，可以是单一来源的煤种，也可以是掺混煤种或干燥褐煤、半焦、高钠煤等。一般而言，燃煤电厂煤粉锅炉宜用设计煤种，也可选择燃用其他合适煤种。当需要燃用不同煤种的混煤时，原则上不应掺烧煤质相差悬殊的煤种，例如无烟煤与烟煤、褐煤的混合煤，贫煤与褐煤的混合煤。

燃煤电厂入炉燃料可分为常规燃煤和非常规燃煤，按《中国煤炭分类》（GB/T 5751）的规定，常规燃煤包括无烟煤、贫煤、低挥发分烟煤、高挥发分烟煤、褐煤等，常规燃煤分类表见表9-1，非常规燃煤包括半焦、干燥褐煤、高钠煤。

此外，煤炭是一种化学组成和粒度组成都很不均匀、结构十分复杂的天然赋存产品，电厂燃煤入厂前必须对其质量进行检测，目的是确保煤炭的质量符合电厂的使用要求，以保证电厂的安全、稳定运行和高效发电。质量检验分为煤炭样品的采取、制备和化验三个主要环节。据相关调查数据，我国煤质分析中采样是误差的重要来源，占误差总方差的80%左右，制样误差来源占误差总方差的16%左右，参数检验误差来源占误差总方差的4%左右。不同于加工类的燃油产品和均质度高的燃气类能源产品，将质量如此大的批煤采制成具有代表性的检验试样，并进行参数检验，必须严格按照规定的操作程序和方法，对煤炭进行采取、制备和检验，否则其获得的结果就难以准确反映批煤的质量情况。具体检测项目包括：全水分、空气干燥基水分、灰分、挥发分、全硫含量、收到基低位发热量以及燃煤碳元素含量等。

**表9-1　常规燃煤分类表**

| 类别 | 分类指标 | | | | | |
|---|---|---|---|---|---|---|
| | $V_{daf}$/% | $G$ | $Y$/mm | $b$/% | $P_M$/% | $Q_{gr,maf}$/(MJ/kg) |
| 无烟煤 | ≤10.0 | | | | | |
| 贫煤 | >10.0～20.0 | ≤5 | | | | |

续表

| 类别 | 分类指标 | | | | | |
|---|---|---|---|---|---|---|
| | $V_{daf}$/% | $G$ | $Y$/mm | $b$/% | $P_M$/% | $Q_{gr,maf}$/(MJ/kg) |
| 贫瘦煤 | >10.0～20.0 | >5～20 | | | | |
| 瘦煤 | >10.0～20.0 | >20～65 | | | | |
| 焦煤 | >20.0～28.0<br>>10.0～28.0 | >50～65<br>>65 | ≤25.0 | ≤150 | | |
| 肥煤 | >10.0～37.0 | >85 | >25.0 | | | |
| 1/3 焦煤 | >28.0～37.0 | >65 | ≤25.0 | ≤220 | | |
| 气肥煤 | >37.0 | >85 | >25.0 | >220 | | |
| 气煤 | >28.0～37.0<br>>37.0 | >50～65<br>>35 | ≤25.0 | ≤220 | | |
| 1/2 中黏煤 | >20.0～37.0 | >30～50 | | | | |
| 弱黏煤 | >20.0～37.0 | >5～30 | | | | |
| 不黏煤 | >20.0～37.0 | ≤5 | | | | |
| 长焰煤 | >37.0 | ≤35 | | | >50 | |
| 褐煤 | >37.0<br>>37.0 | | | | ≤30<br>>30～50 | ≤24 |

资料来源：《中国煤炭分类》(GB/T 5751—2009)。

注：$V_{daf}$ 为干燥无灰基挥发分，$G$ 为烟煤黏结指数测值，$Y$ 为胶质层最大厚度，$b$ 为奥阿膨胀度，$P_M$ 为透光率，$Q_{gr,maf}$ 为煤样的恒湿无灰基高位发热量。

(1) 发热量

煤的发热量是设计发电锅炉时的一个重要指标，煤的发热量低于设计指标，炉内温度水平降低，影响煤粉的燃点和燃尽，锅炉热效率下降，当发热量低到一定程度时，将引起燃烧不稳，灭火放炮，以至必须投油助燃。反之，煤的发热量高于设计水平，炉膛温度必然升高，烧灰大多软化、熔融，容易形成结渣。

(2) 灰分

灰分含量会使火焰传播速度下降，着火时间推迟，燃烧不稳定，炉温下降。煤的灰分产率越高，发热量越低，燃烧温度下降，排灰量增大，热效低，受热面沾污磨损严重，所以灰分越低越好。

(3) 水分

水分含量高，发热量低，排烟损失大，还容易引起煤仓、管道及给煤机内黏结堵塞。但水分的存在有一定的好处，火焰中含有水蒸气对煤粉的悬浮燃烧是一种十分有效的催化剂，水分还可防止煤尘飞扬等。

（4）挥发分

挥发分是判明煤炭着火特性的首要指标，挥发分含量越高，着火越容易，燃烧速度越快。根据锅炉设计要求，供煤挥发分的值变化不宜太大，否则会影响锅炉的正常运行。如原设计燃用低挥发分的煤而改烧高挥发分的煤后，因火焰中心逼近喷燃器出口，可能因烧坏喷燃器而停炉；若原设计燃用高挥发分的煤种而改烧低挥发分的煤，则会因着火过迟使燃烧不完全，甚至造成熄火事故。因此供煤时要尽量按原设计的挥发分煤种或相近的煤种供应。

（5）煤灰熔融性

固态排渣煤粉锅炉要求灰熔点 ST≥1350℃，低于这个温度有可能造成炉膛结渣，阻碍锅炉正常运行。液态排渣煤粉锅炉要求煤灰熔融性越低越好，而且煤灰黏度也越低越好。（灰熔点：由于煤粉锅炉炉膛火焰中心温度多在 1500℃以上，在这样的高温下，煤灰大多呈软化或流体状态。）

（6）煤的硫分

硫燃烧后生成 $SO_2$ 和 $SO_3$，它们极易与烟气中的水蒸气化合成 $H_2SO_4$ 蒸汽，对发电设备产生腐蚀作用，同时，$SO_2$ 和 $SO_3$ 排放到空气中，会对大气环境造成严重污染。另外，高硫煤炭在存放过程中，容易发生变质导致自燃，影响煤炭的燃烧效果。所以硫分越低越好，$w(S_{t,d})<1.25\%$为最好。

（7）粒度

悬燃炉均燃用煤粉，煤粉越细，越容易着火和燃烧完全，热损失越小，但耗电量增加，飞扬损失大。一般要求粒度为 0～30mm，而且大多数 20～50μm 粒度均匀。我国规定，对供应火力发电厂煤粉锅炉用煤的粒度要求为（洗）末煤 13mm，（洗）混末煤<25mm，中煤、洗混煤<50mm，如上述煤种供应不足时可暂时供原煤。

对于碳排放核算而言，燃料报告中还应包含燃煤碳元素含量的检测。该项检测应于每次样品采集之后 40 个自然日内完成对样品的检测。检测报告应由通过 CMA 认定或 CNAS 认可，且检测能力包括上述参数的检测机构/实验室出具，并盖有 CMA 资质认定标志或 CNAS 认可标识章。报告中的低位发热量仅用于数据可靠性的对比分析和验证。报告值为干燥基或空气干燥基分析结果时，应转换为收到基元素碳含量。重点排放单位应保存不同基转换涉及水分等数据的原始记录。燃油、燃气的元素碳含量至少每月检测，可自行检测、委托检测或由供应商提供。对于天然气等气体燃料，元素碳含量的测定应遵循《天然气的组成分析气相色谱法》（GB/T 13610）和《气体中一氧化碳、二氧化碳和碳氢化合物的测定　气相色谱法》（GB/T 8984）等相关标准，根据每种气体组分的体积浓度及该组分化学分子式中碳原子的数目计算元素碳含量。当以上检测中的某月有多于一次的实测数据时，取算术平均值为该月数值。

### 9.1.2　企业燃料消耗量的计量与报告优先级

**检查要点：**问询企业是否同时存在入厂燃料和入炉燃料计量以及报告数据的优先级选择。燃煤消耗量应优先采用经校验合格后的皮带秤或耐压式计量给煤机的入炉煤测量结果，采用生产系统记录的计量数据。

电厂目前燃煤消耗量的统计数据来源主要分为入炉煤和入厂煤口径。由于入厂批次、存放时间以及测量过程的误差，入厂煤和入炉煤的计量结果通常存在一定的差距。

入厂煤与入炉煤最应关注的是其热值差，即规定时间段内，入库的入厂煤实际化验值加权平均得出的热值与消耗的入炉煤实际化验值加权平均得出的热值之间的差值。在火电企业燃料管理中，热值差的大小直接反映出火电厂燃料管理水平，是一项重要的经济指标。根据电力行业相关标准，入厂煤、入炉煤热值差应小于0.502MJ/kg，但在当下电力市场紧张的竞争态势下，将热值差控制得越小，对把控燃料成本和节能减排就越有利。热值差产生是由多方面因素造成的。

多年来的实践证明水分差是造成供需双方质价差、入厂与入炉煤热值差的关键因素。据资料介绍，全国入厂采制样水分流失大概在1.5%～2.0%，按水分变化1%影响热值65K/g计算，仅由于水分的误差影响热值差达0.410～0.544MJ/kg，就已超出热值差0.502MJ/kg的考核标准。此外，还有采制化过程的不规范、煤场管理、入炉煤采样不规范以及统计过程都会造成入厂煤与入炉煤的差异。

出厂煤的计量通过汽车衡或轨道衡完成，一般的流程是：过磅前先对过磅区域进行清理以及引导车辆入场地进行相应检查；车辆到达磅台前，通过车牌识别系统自动识别车号，有效的派车信息会使道闸机自动抬起，车辆上磅称重；称重过程中，系统检测车辆是否完全上磅，以确保称重的准确性，车辆完全上磅后，称重信息自动保存；称重完毕后，出口道闸机自动抬起，车辆下磅，系统会自动打印磅单小票。磅秤的称重原理是：在货物重力作用下，使称重传感器弹性体产生弹性形变，粘贴于弹性体上的应变计桥路阻抗失去平衡，输出与重量数值成比例的电信号，经处理输出数字信号并直接显示出重量等数据。如果显示仪表与计算机、打印机连接，仪表可同时把重量信号输出给计算机等设备，组成完整的称重管理系统。

电厂燃煤入炉流程是储煤仓中的煤通过煤闸门进入给煤机，由给煤机内部的输送计量胶带连续均匀输送到磨煤机中，再经过空气混合进入锅炉炉膛燃烧。通常在输送计量胶带的下面装有电子称重装置，该装置主要由高精度的电子皮带秤组成，可测得瞬时流量和累计量。

《核算报告指南》中明确要求，燃煤消耗量应优先采用经校验合格后的皮带秤或耐压式计量给煤机的入炉煤测量结果，采用生产系统记录的计量数据。皮带秤须采用皮带秤实煤或循环链码校验每月一次，或至少每季度对皮带秤进行实煤计量比对。不具备入炉煤测量条件的，根据每日或每批次入厂煤盘存测量数值统计，采用购销存台账中的消耗量数据。燃油、燃气消耗量应优先采用每月连续测量结果。不具备连续测量条件的，通过盘存测量得到购销存台账中月度消耗量数据。

因此，燃料报告数据的优先级选择应遵循以下顺序。

① 生产系统记录的数据。生产系统记录的数据直接反映了生产过程中燃料的实际消耗情况。

② 购销存台账中的数据。如果生产系统记录的数据不可用，可以考虑使用购销存台账中的数据，这些数据记录了燃料的进出货情况，可以间接反映燃料的消耗。

③ 供应商提供的结算凭证数据。作为最后的选择，可以使用供应商提供的结算凭证数据，这些数据虽然不是直接的生产消耗数据，但可以作为参考，尤其是在前两种数据都不可用的情况下。

这一优先级的选择基于确保数据的准确性和直接相关性，以便更准确地反映能源的实际消耗情况。化石燃料消耗量应按照以上优先级顺序选取，且在之后各个核算年度的获取优先序不应降低。

### 9.1.3 化石燃料的购销存台账

**检查要点：**对企业多套台账展开文审，检查化石燃料消耗量统计周期与统计口径是否全面；对比入厂汽车衡和轨道衡计量数据、入炉皮带秤或给煤机计量数据与生产系统记录、购销存台账、盘库存记录、购煤合同结算发票等材料中的消耗量数据是否吻合；随机查验若干月的每日消耗量/每批次入厂量原始记录数据及台账是否与月报/年报保持一致。

对于煤炭企业而言，及时准确地记录和管理煤炭的购销存情况对于企业的运营和决策具有重要意义。

编制煤炭购销存表首先需要进行数据采集，包括：进货数据，即记录从供应商处购买的煤炭数量、价格、日期等信息；销售数据，包括原料库存和成品库存。在采集到相关数据后，根据采集到的进货数据，按日期进行排序，并计算每日进货总量与金额；根据采集到的销售数据，按日期进行排序，并计算每日销售总量与金额；同时可以计算当前库存。在完成数据整理与计算后，可以开始编制煤炭购销存表。表格应包括以下几个方面的信息：日期、进货数量、进货单价、进货金额、销售数量、销售单价、销售金额、上期库存和当前库存等。

反映购销存情况的证据材料包括燃煤采购明细账、入厂煤明细/台账/过磅单、月度燃煤库存盘点记录、月度燃煤出厂记录等，通过对采购量（入厂量）、出厂量、库存量进行统计，计算出燃煤消耗量。根据《核算报告指南》中燃料消耗量的报告要求，通过生产系统记录的，提供每日/每月原始记录；通过购销存台账统计的，提供月度生产报表、购销存记录或结算凭证。煤炭购进台账示例和月度燃煤库存统计示例分别见表 9-2 和表 9-3。

**表 9-2　煤炭购进台账示例**

<table>
<tr><td>供货商名称</td><td></td><td>联系电话</td><td></td><td>地址</td><td colspan="2"></td></tr>
<tr><td>开户银行</td><td colspan="3"></td><td>银行账号</td><td colspan="2"></td></tr>
<tr><td>税务登记证号</td><td colspan="3"></td><td>购进合同编号</td><td colspan="2"></td></tr>
<tr><td>购进数量/t</td><td></td><td>车数</td><td></td><td>送货地址</td><td colspan="2"></td></tr>
<tr><td>煤炭种类</td><td colspan="6"></td></tr>
<tr><td rowspan="2">质量指标</td><td colspan="2">灰分($A_d$)/%</td><td>发热量($Q_{net}$)/(MJ/kg)</td><td>全硫($S_{t,d}$)/%</td><td>挥发分($V_{daf}$)/%</td><td>水分($M_{ad}$)/%</td></tr>
<tr><td colspan="2"></td><td></td><td></td><td></td><td></td></tr>
<tr><td>记录人</td><td colspan="2"></td><td>部门负责人</td><td></td><td>财务负责人</td><td></td></tr>
</table>

**表 9-3　月度燃煤库存统计示例**

| 日期 | 当日进煤量 | 当日耗煤量 | 当日库存量 | 维持天数 |
|---|---|---|---|---|
| | | | | |
| | | | | |
| | | | | |
| | | | | |

此外，还可以根据相关证据材料对购销存台账中的数据进行交叉核对，例如火力发电厂生产情况表或火电厂技术经济表等记录中的燃煤消耗量；报统计部门的《能源购进、消费与库存》（见表 9-4）中的燃煤消耗量；报生态环境、能源等主管部门的能源统计报表或报告中的燃煤消耗量等。

**表 9-4　能源购进、消费与库存示例**

统一社会信用代码：　　　　　　　　表　　号:205-1 表
单位详细名称：　　　　　　　　　　制定机关:国家统计局
　　　　　　　　　　　　　　　　　文　　号:国统字〔2023〕88 号
20　年 1—　月　　　　　　　　　　有效期至:2025 年 1 月

| 能源名称 | 计量单位 | 代码 | 年初库存量 | 购进量 | 购进金额/千元 | 消费量 | 期末库存量 | 折标系数 |
|---|---|---|---|---|---|---|---|---|
| 原煤 | t | 01 | | | | | | |
| 天然气 | $10^4 m^3$ | 15 | | | | | | |
| 柴油 | t | 21 | | | | | | |
| 热力 | $10^6 kJ$ | 32 | | | | | | |
| 电力 | $10^4 kW \cdot h$ | 33 | | | | | | |
| … | | | | | | | | |
| 合计 | tce | 40 | | | | | | |

资料来源：国家统计局网站。

燃煤消耗量的核查要点包括以下几点：查阅数据质量控制计划，确认数据来源为入炉煤还是入厂煤；针对生产系统记录的入炉煤计量数据；针对每日或每批次入厂煤盘存数据。还可询问数据统计人员各数据的计量方法及其数据之间的逻辑关系，同时现场查看计量装置的实际运行情况。具体操作事项可参见《企业温室气体排放核查技术指南　发电设施》。

# 9.2　燃料掺烧报告

## 9.2.1　电厂掺烧技术

掺烧是一种将不同种类的燃料按照一定比例混合燃烧的技术。这种技术主要用于火力发电，通过混合不同性质的煤种，使最终配出的煤在性能指标上达到或接近锅炉的设计煤种要求，从而提高燃烧效率，减少环境污染。

除了不同性质的煤之间可以相互掺烧，**煤炭掺烧技术**也可将煤炭与其他可燃物料混合（如秸秆和农林废弃物、污泥垃圾等燃料）燃烧，可以降低煤炭使用量，减少二氧化碳等污染物的排放，是一种有效的减排技术。

通过掺烧技术，可提高燃烧效率，特别是对于低热值、高水分的可燃物料，如生物质、废弃物等，实现资源的高效利用。同时，通过调整燃料比例和燃烧参数，掺烧技术可降低煤炭燃烧过程中的污染物排放，如二氧化硫、氮氧化物等，降低对环境的影响。此外，掺烧技术可减少对煤炭的依赖，降低能源消耗，实现能源结构的优化，同时降低燃料成本，提高火力发电厂的经济效益。

（1）掺烧燃料的物理特性

根据煤粉锅炉的特点，煤粉锅炉对于用煤的热值、灰分、全水分、粒径都有相应要求。

① 煤粉锅炉用煤按发热量进行质量等级划分，发热量等级根据煤种和发热量不同划为16个等级，最低要求为12.54MJ/kg。为保证煤粉锅炉炉膛温度及燃料燃烧的稳定性，固体可替代燃料热值不宜与煤相差过大。

② 灰分含量越高，可燃成分越少，越影响燃料发热量。《商品煤质量　发电煤粉锅炉用煤》（GB/T 7562）中指出灰分（$A_d$）应不大于35%，当$35\% < A_d \leqslant 40\%$时，燃煤发热量应不小于16.5MJ/kg。因此掺烧燃料应限制灰分含量，并满足相应热值要求，避免对锅炉系统的磨损及不良影响。

③ 水分含量会影响替代燃料的热值，增加着火热使着火困难，降低锅炉效率，因此应限制固体可替代燃料的水分含量。

④ 合适的粒径可以提高煤粉锅炉燃烧效率，降低锅炉飞灰可燃物损失。对于难以破碎的掺烧燃料，需采取合适的制粉设备，如锤磨机、辊式磨煤机以满足制粉需求，或对原料进行烘焙处理以增加能量密度和可磨性。为提高掺烧燃料对制粉系统的适应性，还可以将掺烧燃料进行压棒处理，便于磨制、运输和储存。

团体标准《火力发电用固体替代燃料》中对煤粉锅炉用固体可替代燃料的低位热值、粒径、全水分、灰分等物理属性提出指标要求。

（2）掺烧燃料的化学特性

煤粉锅炉对燃料中有害元素含量也有一定要求。全硫、氯、磷元素的危害主要表现在对锅炉设备及管道的腐蚀和沾污堵塞，降低锅炉燃烧效率，增加大气污染。汞和砷元素由于其极易挥发性和致癌毒性，通过燃煤燃烧排入大气会对人类身体健康和环境造成很大危害。由于烟气量大，较难进行改造，因此在掺烧燃料的制备过程中，需注重原料中污染物的源头控制，严格控制掺烧燃料中有害元素入炉量，《火力发电用固体替代燃料》团体标准中对煤粉锅炉用替代燃料提出化学属性指标要求。在掺烧燃料制备完成后，应按规范进行采样检测，对标分析有害元素含量，确保有害元素含量达标入炉。

（3）掺烧方式

煤粉锅炉掺烧发电通常有三种技术路线：直燃耦合、气化耦合和蒸汽耦合。直燃耦合是将磨粉后的掺烧燃料与煤粉一起送入锅炉燃烧；气化耦合是将掺烧燃料燃烧或气化后生成的气体引入锅炉发电；蒸汽耦合是煤与掺烧燃料分别采用各自的燃烧系统即煤粉锅炉和掺烧锅炉，两者产生的蒸汽进入机组热力系统耦合发电。气化耦合和蒸汽耦合改造成本及运行成本都较高，是直燃耦合的 4～9 倍。直燃耦合技术和煤燃烧技术最接近，改造成本最低，更适合我国燃煤机组的现状改造。

挥发分和水分含量是影响燃烧的关键因素，在直燃耦合中，对于挥发分较高的掺烧燃料，应控制送风温度，适当调节一、二次风的风速，避免燃烧器提前着火进而造成燃烧器表面结焦或烧毁；对于含水率较高的掺烧燃料，应控制掺烧量并且与煤进行充分混合，避免堵塞煤仓下料口及磨煤机入口。

（4）掺烧比例

掺烧燃料相对煤具有低灰分、高挥发分的特点，适量掺烧可以降低混合燃料的燃点、提高反应活性、提高燃烧速率，从而改善煤粉锅炉燃烧特性，提高燃烧稳定性。根据掺烧工艺，直燃耦合中利用备用磨煤机单独磨制和共用磨煤机磨制的掺烧量质量比为 5％～10％，利用掺烧燃料专用磨煤机磨制掺烧量质量比最高为 20％。根据文献调研国内燃煤电厂掺烧污泥、生物质的掺烧比情况，可知掺烧比例大都小于 10％。综合考虑煤粉锅炉对粒径的要求及对制粉系统出力的影响，直燃耦合初期掺烧比例控制在 10％以下，待锅炉系统能够稳定运行后可逐渐提高。

## 9.2.2 掺烧燃料的热量占比计算方法

在碳排放检查中，若企业存在掺烧情形，核实每个机组的燃料类型、来源和计量方法，对各类燃料购买合同、发票、过磅单、购销存台账和用量记录进行确认。

**检查要点：**了解掺烧机组的生物质燃料热量占比计算方法，如采用正算法，核实各项生物质燃料热值取值来源，研判是否存在低估生物质燃料热量的可能。

对于掺烧生物质（含垃圾、污泥）的，其热量占比采用式(9-1)进行计算：

$$P=\frac{Q\div\eta-\sum_{i=1}^{n}(\mathrm{FC}_i\times\mathrm{NCV}_i)}{Q\div\eta}\times 100\% \tag{9-1}$$

式中 $P$——机组的生物质掺烧热量占机组总燃料热量的比例；

$Q$——锅炉产热量，GJ；

$\eta$——锅炉效率，%；

$\mathrm{FC}_i$——第 $i$ 种化石燃料的消耗量［对固体或液体燃料，单位为 t；对气体燃料（标准状况），单位为 $10^4\mathrm{m}^3$］；

$\mathrm{NCV}_i$——第 $i$ 种化石燃料的收到基低位发热量［对固体或液体燃料，单位为 GJ/t；对气体燃料（标准状况），单位为 $\mathrm{GJ}/10^4\mathrm{m}^3$］。

就掺烧污泥机组而言，污泥的热值是决定其能否自燃或掺烧的关键指标，它会受到污水排水体制、污水处理工艺及污泥处理工艺等多种定性因素的影响。含水率和掺烧量的增加意味着输入锅炉内燃料的含水率增加，使得炉膛内的理论燃烧温度降低，影响了锅炉内的热量传递，导致最终的排烟温度增加，排烟热损失增加，锅炉效率也随之减小。有研究发现在掺烧量低于 10%，污泥含水率小于 65%时，掺烧污泥对锅炉的运行并无较大影响；否则可能会造成锅炉的排烟温度和锅炉效率的大幅波动，影响锅炉的正常运行甚至威胁整个机组的安全运行。

电厂锅炉的热效率是指锅炉或有机热载体炉在热交接过程中，被水、蒸汽或导热油所吸收的热量，占进入锅炉的燃料完全燃烧所放出的热量的百分比，试验标准一般参照《电站锅炉性能试验规程》（GB/T 10184—2015）。对于大容量电站锅炉，热效率一般在 90%以上，可燃性气体未完全燃烧热损失已相当小，只要锅炉不出现严重缺风运行的异常工况，降低这项损失的可能性不大，在锅炉运行中，其本体的散热面积和保温条件已经定型，从运行角度去降低锅炉散热损失也不大可能，灰渣物理热损失所占比例相对很小，其值不大，通过运行降低这项损失的手段不多。由此可见，排烟热损失、固体未完全燃烧热损失在锅炉各项热损失中所占比例较大，实际运行中其变化也较大，因此除了日常检修跑冒滴漏、排污和疏水外，尽力降低这两项损失是提高锅炉热经济性的关键。

对于降低排烟热损失，需注意以下问题：防止受热面结渣和积灰；合理运行煤粉燃烧器；注意给水温度的影响；避免进入锅炉风量过大；注意制粉系统运行的影响。对于中间储仓式制粉系统，运行中应注意减少三次风量。三次风一般设计布置在燃烧器的最上层，由于三次风的风温不高，并含有一定煤粉，三次风的喷入会推迟燃烧，使火焰中心提高，从而提高排烟温度。运行中，合理调整制粉系统，保证合格的煤粉细度，提高各分离元件的分离效率，尽量减少三次风的含粉量，有利于保持炉内正常的火焰中心不使其抬高。

在减少固体未完全燃烧热损失方面，也需控制以下条件。

① 合理调整煤粉细度。煤粉细度是影响灰渣可燃物的主要因素之一。理论上，煤粉越细，燃烧后的可燃物越少，越有利于提高燃烧经济性，但煤粉越细，受热面越易粘灰，影响传热效率，增大制粉电耗；若煤粉过粗，炭颗粒大，则很难完全燃烧，飞灰可燃物含量将会大大升高，所以应选择合理的煤粉细度值来降低固体未完全燃烧热损失。

② 控制适量的过量空气系数。炭颗粒的完全燃烧需要与足够的氧气进行混合，送入炉内的空气量不足，不但会产生不完全燃烧气体，还会使炭颗粒燃烧不完全，但空气量过大，又会使炉膛温度下降，影响完全燃烧，因而过量空气系数过大或过小均对炭颗粒的完全燃烧不利，应通过燃烧调整试验确定合适的过量空气系数。

③ 加强燃烧调整。炉膛内燃料燃烧的好坏，炉膛温度的高低，煤粉进入炉膛时着火的难易，对飞灰及灰渣可燃物的含量有直接影响。炉膛内燃烧工况不好，就不会有较高的炉膛温度，煤粉进入炉膛后，就没有足够的热量预热和点燃，必将推迟燃烧，增加飞灰含碳量。要使炉膛内燃烧工况正常，需对燃烧器的风率配比、一次风粉浓度及风量进行调整，掌握燃烧器特性，使锅炉处于最佳燃烧工况下。重视燃烧工况的调整是减少固体未完全燃烧热损失的重要方面。

此外，燃煤的组成成分对提高燃烧速度和燃烧完全程度的影响很大，挥发分多的煤易着火燃烧，挥发分少的煤着火困难且不易燃烧完全，煤中的灰分多会阻碍可燃物质与氧气的接触，使炭粒不易燃烧完全，影响锅炉热效率。煤中灰的组成成分不同还直接影响灰熔点的高低，对受热面的结渣、积灰和磨损都有影响，而煤中水分过多也不利于燃烧，使着火困难，并降低燃烧温度，还会使烟气体积增大而降低锅炉效率。

《核算报告指南》要求的存证为每月锅炉产热量生产报表或台账记录（盖章版）原件。包括的参数有生产月报或DCS系统中锅炉主蒸汽量、主蒸汽温度和压力、锅炉给水量、给水温度、再热器出口蒸汽量。

《核算报告指南》要求的存证还有锅炉效率检测报告或锅炉说明书或锅炉运行规程。如果重点排放单位提供了锅炉检测报告，应确认检测报告盖有CMA资质认定标志或CNAS认可标识章，并确认检测机构是否经CMA资质认定或CNAS认可；如果重点排放单位未提供锅炉效率检测报告，对照锅炉技术说明书或运行规程中最大负荷对应的设计值。

锅炉效率取值为通过CMA资质认定或CNAS认可，且检测能力包括电站锅炉性能试验的检测机构/实验室出具的最近一次锅炉热力性能试验报告中最大负荷对应的效率测试值，报告应盖有CMA资质认定标志或CNAS认可标识章。对未开展实测或实测报告无CMA资质认定标志或CNAS认可标识章的，可采用锅炉设计说明书或锅炉运行规程中最大负荷对应的设计值。

在对生物质（含垃圾、污泥）热量占比的核查中，有以下核查要点：查阅数据质量控制计划中数据获取方式；查阅《核算报告指南》要求存证的每月锅炉产热量生产报表或台账记录（盖章版）原件；查阅《核算报告指南》要求存证的锅炉效率检测报告或锅炉说明书或锅炉运行规程；询问排放报告负责人掺烧生物质热量占比数据来源，以及数据监测、记录、传递、统计和计算的过程。

## 9.3 燃料计量器具的检定和校准

### 9.3.1 燃料计量器具的检定

**检查要点：**检查计量器具是否开展定期检定，查验是否有检定证书并覆盖整个检查年度。

化石燃料的计量器具主要为轨道衡、汽车衡、给煤机和皮带秤等。目前用于燃料计量器具检定的依据主要包括《标准轨道衡》（JJG 444—2023）、《数字指示轨道衡》（JJG 781—2019）、《电子汽车衡（衡器载荷测量仪法）》（JJG 1118—2015）等国家计量检定规程，而电子皮带秤的检定主要依据《连续累计自动衡器（皮带秤）》（JJG 195—2019），其对电子皮带秤的检定项目、技术指标有明确规定。

以《电子汽车衡（衡器载荷测量仪法）》检定规程为例，该规程所指的电子汽车衡属于非自动衡器中数字指示秤的一种型式。其原理是当被称货物置于承载器上后，称重传感器产生电信号，该信号经过称重指示器数据处理直接显示出称量结果。其结构由承载器、称重传感器、称重指示器和衡器基础等组成。称重指示器具有数字指示功能，承载器根据被称量载荷的特点具有不同结构。汽车衡的检定包含项目见表 9-5，检定周期一般不超过一年。

**表 9-5　汽车衡检定项目一览表**

<table>
<tr><th>序号</th><th colspan="2">检定项目</th><th>首次检定</th><th>后续检定</th><th>使用中检查</th></tr>
<tr><td>1</td><td rowspan="3">通用技术要求</td><td>计量的安全性</td><td>+</td><td>+</td><td>+</td></tr>
<tr><td>2</td><td>多指示装置</td><td>+</td><td>−</td><td>+</td></tr>
<tr><td>3</td><td>计量法制标志和计量器具标识</td><td>+</td><td>+</td><td>+</td></tr>
<tr><td>4</td><td colspan="2">置零准确度及除皮准确度</td><td>+</td><td>+</td><td>+</td></tr>
<tr><td>5</td><td colspan="2">偏载</td><td>+</td><td>+</td><td>−</td></tr>
<tr><td>6</td><td colspan="2">称重</td><td>+</td><td>+</td><td>+</td></tr>
<tr><td>7</td><td colspan="2">重复性</td><td>+</td><td>+</td><td>−</td></tr>
<tr><td>8</td><td colspan="2">除皮后的称量</td><td>+</td><td>+</td><td>−</td></tr>
<tr><td>9</td><td colspan="2">鉴别阈</td><td>+</td><td>−</td><td>−</td></tr>
</table>

资料来源：《电子汽车衡（衡器载荷测量仪法）》检定规程。

注："+"为需要检定的项目；"−"为不需要检定的项目。

以《连续累计自动衡器（皮带秤）》检定规程为例，该规程所指的皮带秤是一种安装在皮带输送机的适当位置上，对散装物料自动进行连续称量、累计的计量器具。皮带秤的检定项目详见表 9-6，检定周期一般不超过一年。

**表 9-6　皮带秤检定项目一览表**

<table>
<tr><th>序号</th><th colspan="2">检定项目</th><th>首次检定</th><th>后续检定</th><th>使用中检查</th></tr>
<tr><td rowspan="2">1</td><td rowspan="2">外观检查</td><td>计量管理及说明性标识</td><td>+</td><td>+</td><td>+</td></tr>
<tr><td>检定标记</td><td>+</td><td>+</td><td>+</td></tr>
<tr><td rowspan="3">2</td><td rowspan="3">使用条件检查</td><td>流量检查</td><td>+</td><td>+</td><td>+</td></tr>
<tr><td>最小累计载荷检查</td><td>+</td><td>+</td><td>+</td></tr>
<tr><td>适用性检查</td><td>+</td><td>−</td><td>−</td></tr>
<tr><td rowspan="3">3</td><td rowspan="3">零点检定</td><td>零点累计的最大允许误差</td><td>+</td><td>+</td><td>+</td></tr>
<tr><td>零载荷的最大偏差试验</td><td>+</td><td>+</td><td>+</td></tr>
<tr><td>累计零点的鉴别力</td><td>+</td><td>−</td><td>−</td></tr>
<tr><td rowspan="4">4</td><td rowspan="4">物料检定</td><td>最大给料流量</td><td>+</td><td>−</td><td>−</td></tr>
<tr><td>最小给料流量</td><td>+</td><td>−</td><td>−</td></tr>
<tr><td>中间给料流量</td><td>+</td><td>−</td><td>−</td></tr>
<tr><td>常用给料流量</td><td>−</td><td>+</td><td>+</td></tr>
</table>

资料来源：《连续累计自动衡器（皮带秤）》检定规程。

注："+"表示应检项目；"−"表示可不检定项目。

皮带秤主要由承载器、称重传感器、速度传感器、累计指示装置及控制系统等组成。其原理是将皮带秤称重桥架安装于输送机架上，当物料经过皮带时，计量托辊检测到物料重量并作用于称重传感器，产生一个正比于物料载荷的电压信号。同时由速度传感器提供一系列脉冲，每个脉冲表示一个皮带运动单元，脉冲的频率与皮带速度成正比。累计指示装置从称重传感器和速度传感器接收信号，通过积分运算得出一个瞬时流量值和累计重量值，并分别显示出来。

### 9.3.2 燃料计量器具的校准

**检查要点：**若采用入炉煤皮带秤计量数据报告，查验入炉煤皮带秤计量位置是否合理，是否有校准操作规程及记录并覆盖整个检查年度。若采用入炉煤给煤机计量数据报告，查验耐压式计量给煤机准确度是否符合要求，是否有校准记录并覆盖整个检查年度。

在火力发电厂，电子皮带秤作为入炉煤量的关键计量仪表，其量值的准确性和可靠性不仅直接影响到机组的安全经济运行，也直接关系到碳排放核算数据的准确性。导致电子皮带秤误差过大的因素众多而且错综复杂，但归纳起来主要是由“皮带效应”所致。在实际称量过程中，皮带效应包括称重托辊的非准直度、皮带运行阻力、皮带张力变化、皮带刚度、皮带自重变化等，使得电子皮带秤本身就具有因其工作原理所决定的固有系统误差，这个误差是无法避免和精确量化的。另外，电子皮带秤由于其使用场合通常环境比较恶劣，环境温湿度变化、振动等因素可直接导致皮带秤测量失准；皮带过长、中间转运环节过多使得物料存在运输中损耗，亦会导致测量误差引入。《核算报告指南》中要求皮带秤须采用皮带秤实煤或循环链码校验每月一次，或至少每季度对皮带秤进行实煤计量比对。

常用的皮带秤校准有以下几种方法。

其一是采用汽车衡作为计量标准，对电子皮带秤进行校准。所用的汽车衡需提前保证经检定合格，检定方案如下：货车（自卸卡车）将一定量的试验用煤在汽车衡称量，得到毛重后倾斜至煤场地下煤斗，然后空车再次过磅得到皮重，毛重减皮重等于净重，试验用煤通过各级皮带流经皮带秤处再次称量，将皮带秤示值与地上衡称得净重进行比较，得到皮带秤的误差。该方案的优点是可行性高，操作灵活，效率高；缺点是汽车运煤量较少，一般需要多辆汽车配合试验，且地下煤斗通常无法将残煤清理彻底。

其二是采用皮带秤实物校验装置，也称为料斗秤，安装位置不宜过远（减少煤损耗），一般推荐安装在皮带秤的前端，料斗秤需经检定合格，检定方案如下：将事先准备的煤首先通过料斗秤称量，然后打开料斗秤料门将煤全部卸出，经皮带转运至被检皮带秤处，将皮带秤示值与料斗秤示值进行比较，得到皮带秤的称重误差。料斗秤是业内推荐的检定方法，其操作灵活，检定耗时少，准确度高。但料斗秤也存在诸多问题，如一次性投入较高，且已经投运的电厂若想加装料斗秤难度很大（主要因为空间不够）；料斗秤本身溯源比较麻烦，造成使用成本增加。

在火电厂最为推荐的校准方法为模拟载荷校准，其中的循环链码方法操作简单、应用广泛。

**循环链码动态校验**装置安装在电子皮带秤秤体处的输送机上方，机器运行时，链码圈通过电动执行器的螺纹带动杆运动搭压在皮带上，链码圈随着皮带运转。当链码圈转动一圈时，作用在皮带上的重量就是链码圈的标准重量，当转动 $n$ 圈时，重量为圈数乘以链码重量，皮带秤数值进行调整，实现皮带秤的动态模拟试验。

循环链码可模拟实物流经皮带秤，但其也存在以下缺点：循环链码整体结构较重，运行中会产生较大振动，影响称量精度，加之皮带上难免有物料残留，会造成链码跳动；价格较高，循环链码系统占据整套称重系统价格的 80%左右，而皮带秤称重系统仅占总价的 20%；溯源问题，循环链码一般推荐截取 1m 进行送检，但是由于链码磨损是不均匀的，仅送检 1m 段的链码，势必会引入误差，但整体送检从现实角度无法实现，循环链码拆卸和运输极为困难。

此外，挂码校准方法目前广泛应用于给煤机皮带秤，因给煤机皮带秤行程短，无法采用多托辊秤架结构。挂码具有溯源简便、价格低廉、使用方便等优点。挂码最大的缺点就是无法模拟皮带效应产生误差的实际工况，而且一般给煤机上使用的挂码只有一组（两只），试验表明单组称重传感器测量准确度不如多组。

皮带秤的模拟载荷试验均是对其称重单元进行的检定，而非针对整个输煤系统，未将抛撒、其他损耗等因素考虑在内。一般认为实物校准是针对整个输煤系统进行的，其测量结果更加客观和真实，但操作烦琐；而模拟载荷校准则操作方便快捷，很多型号皮带秤能自动完成校验过程并显示误差结果。

汽车衡的校准一般分为以下几步：一是校准准备，主要是清理汽车衡表面卫生，确保缝隙无杂物，连接处无松动；二是放置标准砝码，并与装载实物的汽车进行对比校准，计算汽车衡误差；三是记录校准台账并妥善保管。

计量器具的准确度是指测量仪器给出接近于被测量真值的示值的能力。准确度是测量学用语，表示测量结果中系统误差和偶然误差大小的程度的量。轨道衡、汽车衡等计量器具的准确度等级应符合《火力发电企业能源计量器具配备和管理要求》（GB/T 21369）或相关计量检定规程的要求，GB/T 21369 对进出火力发电企业燃料的动态计量的准确度等级要求为不低于 0.5。皮带秤的准确度等级应符合《连续累计自动衡器（皮带秤）》（GB/T 7721）的相关规定。目前火电厂主要使用的也是 0.5 级准确度的电子皮带秤，为接轨国际商贸结算要求，最新标准（GB/T 7721—2017）已将皮带秤计量的最高等级从 0.5 级提高到 0.2 级。按照实际检定及使用要求来看，高精度皮带秤的运行稳定性周期至少需要达到三个月。耐压式计量给煤机的准确度等级应符合《耐压式计量给煤机》（GB/T 28017）的相关规定，最高的称量准确度为 0.5 级，控制准确度为 1 级。计量器具应确保在有效的检验周期内。

## 思考题

（1）核查人员对企业多套台账的审核有哪些关注点？

（2）燃料报告数据的优先级选择应遵循什么顺序？

（3）掺烧机组的生物质燃料热量占比计算方法是什么？

（4）皮带秤的检定和校准需要关注哪些内容？

（5）计量器具的核查主要包括哪些内容？

# 10 煤样的采制化存

煤样是评价煤炭质量的重要依据，在企业碳排放数据质量管理工作中，煤样的采制化存管理是一项基础而重要的内容。煤样采制化存过程的严谨性对于提高和保证分析结果的精密度具有决定性作用，并直接影响到企业碳排放量的核算。

本章详细介绍了煤样的采集、制备、化验、留存四个重要环节的基本操作方法和操作要求，并对煤样检测报告管理制度、检测机构资质要求及检测报告内容要求等进行了重点阐述。

本章总结了煤样采集管理制度，详细分析了煤样的人工采样方法和机械采样方法，论述了煤样的包装及采样报告的编制；详细介绍了煤样制备方法及流程，制样设备使用及维护、制样环境及制样记录要求；梳理了煤样化验环节检测频次、化验记录、凭证管理等工作；针对煤样留存环节，从存样环境、保存记录、留存数量三个方面进行了详细介绍。此外，设置了伪造煤样案例分析，以加深对煤样采制化存重要性的理解。本章通过对煤样采制化存管理要求及管理内容的详细介绍，旨在为企业日常开展煤样采制化存工作提供理论依据。

## 10.1 煤样采集要求

### 10.1.1 煤样采集管理制度

煤样采集的规范性直接关系到煤样检测的准确性和安全性。为了规范煤样采集工作，提高煤炭质量管理水平，保障发电安全稳定运行，企业需制定煤样采集管理制度。

（1）煤样采集的一般原则

煤炭采集是为了获得一个其试验结果能代表整批被采样煤的试验煤样，采集过程要注意样品采集的代表性。

（2）采样管理组织的设置

电厂煤炭采样管理应设有专门的煤炭采样管理组织，明确组织结构和职责分工。组织应当具备质量保证能力，并由经验丰富的专业技术人员组成。组织应配备必备的煤炭采样设备与工具，并保持设备的完好，确保煤炭采样工作的正常进行。

（3）采样方案的编制

针对煤样采集环节，企业要制定专门的煤样采集方案，用以指导实际煤样采集工作的进行。采样方案应综合考虑煤炭采集人员的选择与配备、采样工具的选择与管理、采样点位的设置、采样方法的选择以及煤样的保存等全过程采样要点，方案设置要切实可行。

（4）采样点位的设置

采样点位的选择要符合《商品煤样人工采取方法》（GB/T 475）的有关要求；在采样前，应对采样地点展开充分调研，确保采集到具有代表性和反映实际煤质的煤样；采样地点要结合燃煤的实际情况确定，确保煤样的代表性。

（5）采样器具的管理

采样前应对采样工具、器具进行检查，确保采样工具和器具保持干净、整洁、无明显损坏，并经过消毒处理。采样完成后要及时清洁采样工具和器具，并做好保存管理工作。

（6）采样方法的选择

针对煤样采集，主要包括人工采样和机械采样两种方法，对应的标准规范分别为《商品煤样人工采取方法》（GB/T 475）、《煤炭机械化采样　第1部分：采样方法》（GB/T 19494.1）。企业可根据实际情况及标准规范的要求，选择合适的煤样采集方法。

（7）采样过程的管理

采样时，应按照采样规程进行操作，避开有明显异常和污染的地点。在取样前应对燃煤进行充分搅拌，确保取得的样品具有代表性。采样的基本过程首先从分布于整批煤的许多点收集相当数量的一份煤，即初级子样，然后将各初级子样直接合并或缩分后合并成一个总样。采样的基本要求是使被采样批煤的所有颗粒都可能进入采样设备，每一个颗粒都有相等的概率被采入试样中。

（8）采样人员的管理

采样人员要严格遵循《商品煤样人工采取方法》的有关要求，确保采样操作符合标准要求。为了规范煤样管理工作，提高采样质量，采样人员应经过专业培训，并持有相关职业资格证书，严禁擅自变更采样方案和采样数据，应定期接受技术培训和考核。

（9）煤样保存的要求

采集的煤样应根据规定进行保存，确保样品的完整性，并填写相关信息，以确保取样过程的追溯性。样品保存地点应符合要求，存放在保持通风、干燥的环境。样品的保存周期应根据燃煤的种类和要求确定，并在保存期限内进行检测。

（10）自查及奖惩制度

电厂应建立健全采样质量保证体系，确保采样工作的质量达标。对采样工作要进行自查、互查和定期检查，及时发现和纠正存在的问题。应加强仪器设备和设施的维护保养，保证采样工作的正常进行。对于采样工作中存在的不合格品和违纪行为，将给予相应的处罚，包括通报批评、责令整改、撤销资格和行政处罚等。如有发现燃煤品质不符合要求的情况，应及时处理并通报相关部门。对于在采样工作中表现突出的个人和单位，将给予相应的奖励，包括表彰奖励、晋升提职和经济奖励等。

（11）责任追究制度

对违反燃煤取样规章制度的行为，应依法追究责任。负责燃煤取样工作的相关人员应对燃煤取样过程进行监督，确保取样工作的规范性和可靠性。

## 10.1.2 人工采样的方法和要求

### 10.1.2.1 采样方案

采样方案选择原则上按《商品煤样人工采取方法》（GB/T 475—2008）规定的基本采样方案进行。在下列情况下应另行设计专用采样方案，专用采样方案在取得有关方同意后方可实施：①采样精密度用灰分以外的煤质特性参数表示时；②要求的灰分精密度值小于表 10-1 所列值时；③经有关方同意需另行设计采样方案时。

无论是基本采样方案还是专用采样方案，都应按规定进行采样精密度核验和偏倚试验，确认符合要求后方可实施。专用采样方案详见《商品煤样人工采取方法》(GB/T 475—2008)。

(1) 基本采样方案

发电厂燃煤基本采样方案主要包括采样精密度、采样单元、子样数目、子样质量以及采样操作步骤。

① 采样精密度。原煤、筛选煤、精煤和其他洗煤(包括中煤)的采样、制样和化验总精密度(灰分,$A_d$)如表 10-1 所示。

**表 10-1 采样精密度**

| 原煤、筛选煤 | | 精煤 | 其他洗煤(包括中煤) |
|---|---|---|---|
| $A_d \leqslant 20\%$ | $A_d > 20\%$ | | |
| $\pm\frac{1}{10}A_d$ 但不小于±1%(绝对值) | ±2%(绝对值) | ±1%(绝对值) | ±1.5%(绝对值) |

资料来源:《商品煤样人工采取方法》。

② 采样单元。商品煤分品种以 1000t 为一基本采样单元。当批煤量不足 1000t 或大于 1000t 时,可根据实际情况,以以下煤量为一采样单元:a. 一列火车装载的煤;b. 一船装载的煤;c. 一车或一船舱装载的煤;d. 一段时间内发送或接收的煤。如需进行单批煤质量核对时应对同一采样单元煤进行采样、制样、化验。

③ 每个采样单元子样数。

原煤、筛选煤、精煤及其他洗煤(包括中煤)的基本采样单元子样数列于表 10-2。

**表 10-2 基本采样单元最少子样数**

| 品种 | 灰分范围 $A_d$ | 采样地点 | | | | |
|---|---|---|---|---|---|---|
| | | 煤流 | 火车 | 汽车 | 煤堆 | 船舶 |
| 原煤、筛选煤 | >20% | 60 | 60 | 60 | 60 | 60 |
| | ≤20% | 30 | 60 | 60 | 60 | 60 |
| 精煤 | — | 15 | 20 | 20 | 20 | 20 |
| 其他洗煤(包括中煤) | — | 20 | 20 | 20 | 20 | 20 |

资料来源:《商品煤样人工采取方法》。

当采样单元煤量少于 1000t 时,子样数根据表 10-2 规定子样数按比例递减,但最少不应少于表 10-3 规定数。

**表 10-3 采样单元煤量少于 1000t 时的最少子样数**

| 品种 | 灰分范围 $A_d$ | 采样地点 | | | | |
|---|---|---|---|---|---|---|
| | | 煤流 | 火车 | 汽车 | 煤堆 | 船舶 |
| 原煤、筛选煤 | >20% | 18 | 18 | 18 | 30 | 30 |
| | ≤20% | 10 | 18 | 18 | 30 | 30 |
| 精煤 | — | 10 | 10 | 10 | 10 | 10 |
| 其他洗煤(包括中煤) | — | 10 | 10 | 10 | 10 | 10 |

资料来源：《商品煤样人工采取方法》。

采样单元煤量大于 1000t 时的子样数按式(10-1) 计算：

$$N=n\sqrt{\frac{M}{1000}} \tag{10-1}$$

式中 $N$——应采子样数；

$n$——表 10-2 规定子样数；

$M$——被采样煤批量，t；

1000——基本采样单元煤量，t。

批煤采样单元数的确定：一批煤可作为一个采样单元，也可按式(10-2) 划分为 $m$ 个采样单元。将一批煤分为若干个采样单元时，采样精密度优于作为一个采样单元时的采样精密度。

$$m=\sqrt{\frac{M}{1000}} \tag{10-2}$$

式中 $M$——被采样煤批量，t。

④ 试样质量。采样之后应进行试样质量的确定。

a. 总样最小质量。表 10-4 和表 10-5 分别列出了一般煤样（共用煤样）、全水分煤样和粒度分析煤样的总样或缩分后总样的最小质量。表 10-4 给出的一般煤样的最小质量可使由于颗粒特性导致的灰分方差减小到 0.01，相当于精密度为 0.2%。

**表 10-4 一般煤样总样、全水分总样/缩分后总样最小质量**

| 标称最大粒度/mm | 一般煤样和共用煤样/kg | 全水分煤样/kg |
|---|---|---|
| 150 | 2600 | 500 |
| 100 | 1025 | 190 |
| 80 | 565 | 105 |
| 50 | 170① | 35 |
| 25 | 40 | 8 |

续表

| 标称最大粒度/mm | 一般煤样和共用煤样/kg | 全水分煤样/kg |
| --- | --- | --- |
| 13 | 15 | 3 |
| 6 | 3.75 | 1.25 |
| 3 | 0.70 | 0.65 |
| 1 | 0.10 | — |

资料来源：《商品煤样人工采取方法》。

① 标称最大粒度 50mm 的精煤，一般分析和共用试样总样最小质量可为 60kg。

**表 10-5　粒度分析总样的最小质量**

| 标称最大粒度/mm | 精密度 1%的质量/kg | 精密度 2%的质量/kg |
| --- | --- | --- |
| 150 | 6750 | 1700 |
| 100 | 2215 | 570 |
| 80 | 1070 | 275 |
| 50 | 280 | 70 |
| 25 | 36 | 9 |
| 13 | 5 | 1.25 |
| 6 | 0.65 | 0.25 |
| 3 | 0.25 | 0.25 |

资料来源：《商品煤样人工采取方法》。

注：表中精密度为测定筛上物产率的精密度，即粒度大于标称最大粒度的煤的产率的精密度，对其他粒度组分的精密度一般会更好。

b. 子样质量。需确定子样最小质量和子样平均质量。

子样最小质量按式(10-3) 计算，但最少为 0.5kg。

$$m_a=0.06d \tag{10-3}$$

式中　$m_a$——子样最小质量，kg；

$d$——被采样煤标称最大粒度，mm。

部分粒度的初级子样最小质量见表 10-6。

**表 10-6　部分粒度的初级子样最小质量**

| 标称最大粒度/mm | 子样质量参考值/kg |
| --- | --- |
| 100 | 6.0 |
| 50 | 3.0 |
| 25 | 1.5 |
| 13 | 0.8 |
| ≤6 | 0.5 |

资料来源：《商品煤样人工采取方法》。

子样平均质量的确定：当按照规定子样数和规定的最小子样质量采取的总样质量达不到表 10-4 和表 10-5 规定的总样最小质量时，应将子样质量增加到按式（10-4）计算的子样平均质量。

$$\overline{m}=\frac{m_g}{n} \tag{10-4}$$

式中 $\overline{m}$——子样平均质量，kg；

$m_g$——总样最小质量，kg；

$n$——子样数目。

（2）专用采样方案

**专用采样方案的设计**包括建立采样方案的基本程序和采样各程序的设计。

① 建立采样方案的基本程序如下。

a. 确定煤源、批量。

b. 确定欲测定的参数和需要的试样类型。

c. 确定煤的标称最大粒度、总样和子样的最小质量（标称最大粒度可参考有关发货单确定或目视估计，最好用筛分试验测定）。

d. 确定或假定要求的精密度。

e. 测定或假定煤的变异性（即初级子样方差和采样单元方差）和制样化验方差。

f. 确定采样单元数和采样单元的子样数。

g. 决定所用的采样方法：连续采样或间断采样。

h. 决定采样方式和采样基：系统采样、随机采样或分层随机采样；时间基采样或质量基采样，并确定采样间隔（min 或 t）。

i. 决定采样的地点。

j. 决定将子样合并成总样的方法和制样方法。

② 采样各程序的设计。采样方案的设计是根据实际情况拟定供采样人员使用的作业指导书的第一步。作业指导书是实施采样的操作细则，应当涵盖所有采样方案中包括的要素和可能遇到的问题，指导书应当简单、易懂、可行、只能有唯一的一种解释并被采样人员充分理解和执行。

采样目的是根据技术评定、过程控制、质量控制或商业目的决定试样的类型。试样类型分为一般煤样、水分煤样、粒度分析煤样或其他专用煤样。根据采样目的和试样类型决定测定的品质参数：灰分、水分、粒度组成或其他物理化学特性参数。采样程序设计中，应尽可能保证测定的参数不因采样、制样过程及试验前的试样贮存而产生偏倚。在某些情况下，需要限定初级子样、缩分后试样和试验样品的质量。在设计人工采样方案的同时，还应制定相应的安全操作规程。采样设计的同时还应确定采样精密度、煤的变异性、采样单元数和子样数、总样和子样最小质量。

#### 10.1.2.2 采样方法

**采样方法**基本分为移动煤流采样方法、静止煤采样方法、间断采样方法。

（1）移动煤流采样方法

移动煤流采样可在煤流落流中或皮带上的煤流中进行。为安全起见，《商品煤样人工采取方法》（GB/T 475—2008）不推荐在皮带上的煤流中进行。采样可按时间基或质量基以系统采样方式或分层随机采样方式进行。从操作方便和经济的角度出发，时间基采样较好。采样时，应尽量截取一完整煤流横截段作为一子样，子样不能充满采样器或从采样器中溢出。试样应尽可能从流速和负荷都较均匀的煤流中采取。应尽量避免煤流的负荷和品质变化周期与采样器的运行周期重合，以免导致采样偏倚。如果避免不了，则应采用分层随机采样方式。

落流采样法不适用于煤流量在 400t/h 以上的系统。煤样在传送皮带传输点的下落煤流中采取。采样时，采样装置应尽可能地以恒定的小于 0.6m/s 的速度横向切过煤流。采样器的开口应当至少是煤标称最大粒度的 3 倍并不小于 30mm，采样器容量应足够大，子样不会充满采样器。采出的子样应没有不适当的物理损失。采样时，使采样斗沿煤流长度或厚度方向一次通过煤流截取一个子样。为安全和方便，可将采样斗置于一支架上，并可沿支架横杆从左至右（或相反）或从前至后（或相反）移动采样。

有些采样方法趋向于采集过多的大块或小粒度煤，因此很有可能引入偏倚。最理想的采样方法是停皮带采样法。它是从停止的皮带上取出一全横截段作为一子样，是唯一能够确保所有颗粒都能采到的、从而不存在偏倚的方法，是核对其他方法的参比方法。常规采样情况下，停皮带采样操作是不实际的，故该方法只在偏倚试验时作为参比方法使用。

停皮带采样法使子样在固定位置、用专用采样框采取。采样框由两块平行的边板组成，板间距离至少为被采样煤标称最大粒度的 3 倍且不小于 30mm，边板底缘弧度与皮带弧度相近。采样时，将采样框放在静止皮带的煤流上，并使两边板与皮带中心线垂直。将边板插入煤流至底缘与皮带接触，然后将两边板间煤全部收集。阻挡边板插入的煤粒按左取右舍或者相反的方式处理，即阻挡左边板插入的煤粒收入煤样，阻挡右边板插入的煤粒弃去，或者相反。开始采样怎样取舍，在整个采样过程中也怎样取舍。粘在采样框上的煤应刮入试样中。

（2）静止煤采样方法

静止煤采样方法适用于火车、汽车、驳船、轮船等载煤和煤堆的采样。静止煤采样应首选在装/堆煤或卸煤过程中进行，如不具备在装煤或卸煤过程中采样的条件，也可对静止煤直接采样。直接从静止煤中采样时，应采取全深度试样或不同深度（上、中、下或上、下）的试样；在能够保证运载工具中的煤的品质均匀且无不同品质的煤分层装载时，也可从运载工具顶部采样。无论用何种方式采样，都应通过偏倚试验，证明其无实质性偏倚。

在从火车、汽车和驳船顶部取煤采样的情况下，在装车（船）后应立即采样；在经过运输后采样时，应挖坑至0.4～0.5m采样，取样前应将滚落在坑底的煤块和矸石清除干净。子样应尽可能均匀布置在采样面上，要注意在处理过程（如装卸）中离析导致的大块堆积（例如在车角或车壁附近的堆积）。

用于人工采样的探管/钻取器或铲子的开口应当至少为煤的标称最大粒度的3倍且不小于30mm，采样器的容量应足够大，采取的子样质量应达到规定要求。采样时，采样器应不被试样充满或从中溢出，而且子样应一次采出，多不扔，少不补。采取子样时，探管/钻取器或铲子应从采样表面垂直（或成一定倾角）插入。采取子样时不应有意地将大块物料（煤或矸石）推到一旁。

（3）间断采样方法

当经常对同一煤源、品质稳定的大批量煤（如港口入港煤）进行采样时，可用间断采样方法。采用间断采样方法时应事先征得有关方同意。

#### 10.1.2.3 各种煤样的采取

煤炭分析用煤样有一般分析用试样（用于煤的一般物理、化学特性测定的试样），全水分试样（专门用于全水分测定的试样），共用试样（为了多种用途，如全水分和一般物理、化学特性测定而采取的试样），物理试样（专门为特种物理特性，如物理强度指数或粒度分析而采取的试样）。

用于全水分测定的样品可以单独采取，也可以从共用试样中抽取。在从共用试样中分取水分试样的情况下，采取的初级子样数目应当是灰分或水分所需要的数目中较大的那个数目，如果在取出水分试样后，剩余试样不够其余测试所需要的质量，则应增加子样数目至总样质量满足要求。

在必要的情况下（如煤非常湿），可单独采取水分试样。在单独采取水分试样时，应考虑以下几点：煤在贮存中由于泄水而逐渐失去水分；如果批煤中存在游离水，它将沉到底部，因此随着煤深度的增加，水分含量也逐渐增加；如在长时间内从若干批中采取水分试样，则有必要限制试样放置时间。因此，最好的方法是在限制时间内从不同水分水平的各个采样单元中采取子样。

#### 10.1.2.4 人工采样工具

人工采样工具的基本要求如下。

① 采样器具的开口宽度应满足式(10-5) 的要求且不小于 30mm：

$$W \geqslant 3d \tag{10-5}$$

式中 $W$——采样器具开口端横截面的最小宽度，mm；

$d$——煤的标称最大粒度，mm。

② 器具的容量应至少能容纳 1 个子样的煤量，且不被试样充满，煤不会从器具中溢出或泄漏。

③ 如果用于落流采样，采样器开口的长度大于截取煤流的全宽度（前后移动截取时）或全厚度（左右移动截取时）。

④ 子样抽取过程中，不会将大块的煤或矸石等推到一旁。

⑤ 黏附在器具上的湿煤应尽量少且易除去。

人工采样的工具有采样斗、采样铲、探管、手工螺旋钻、人工切割斗、停带采样框等。

### 10.1.3 机械采样的方法和要求

#### 10.1.3.1 采样方案

机械采样方案建立的基本程序如下［详见《煤炭机械化采样　第 1 部分：采样方法》（GB/T 19494.1）］。

① 确定煤源、批量和标称最大粒度。

② 确定欲测定的参数和需要的试样类型。

③ 确定或假定要求的精密度。采样精密度根据采样目的、试样类型和合同各方的要求确定。在没有协议精密度的情况下，煤炭采、制、化中精煤精密度（$A_d$）为±0.8%，其他煤精密度为$\pm 1/10A_d$，但绝对值≤1.6%。

精密度确定后，应在例行采样中按 GB/T 19494.3 规定的多份采样方法来确认精密度是否达到要求。当要求的精密度改变时，应按照煤的变异性规定来改变采样单元数和每个采样单元的子样数，并重新核验所要求的精密度是否达到；当怀疑被采样煤的变异性增大时，也应该对采样精密度进行核验。

④ 决定将子样合并成总样的方法和制样方法（见 GB/T 19494.2）。

⑤ 测定或假定煤的变异性（即初级子样方差，制样和化验方差）。初级子样方差取决于煤的品种、标称最大粒度、加工处理和混合程度、待测参数的绝对值以及子样质量。按照以下方法求得初级子样方差 $V_1$：一是按照 GB/T 19494.3 规定的方法之一直接测定；二是根据类似的煤炭在类似的采样系统中测定的子样方差确定；三是在没有子样方差资料情况下，可开始假定 $V_1=20$，然后在采样后按照 GB/T 19494.3 规定的方法之一核对。

⑥ 确定采样单元数和采样单元的子样数（见 GB/T 19494.1）。

⑦ 根据标称最大粒度确定总样的最小质量（见 GB/T 19494.1）和子样的平均最小质量（见 GB/T 19494.1）。

⑧ 决定采样方式和采样基：系统采样、随机采样或分层随机采样；时间基采样或质量基采样，并确定采样间隔（min 或 t）。

#### 10.1.3.2 采样方法

机械采样方法分为移动煤流采样方法和静止煤采样方法。

（1）移动煤流采样方法

移动煤流采样方法分为系统采样、分层随机采样、参比采样。

移动煤流采样主要是以时间基或质量基系统采样方式或分层随机采样方式进行。从操作方便和经济的角度出发，时间基采样较好。采样时，应保证截取一完整煤流横截段作为一子样，子样不应充满采样器或从采样器中溢出。试样尽可能从流速和负荷都较均匀的煤流中采取。尽量避免煤流的负荷和品质变化周期与采样器的运行周期重合，以免导致采样偏倚。如果避免不了，则应采用分层随机采样方式。（采样方法详见 GB/T 19494.3）

移动煤流机械采样应遵守以下基本要求：一是能无实质性偏倚地收集子样并按照 GB/T 19494.3 规定进行试验予以证明；二是能在规定条件下保持工作能力。为达到上述条件，采样器的设计和生产应满足以下要求：足够牢靠，能在可预期到的最坏的条件下工作；有足够的容量以收集整个子样或让其全部通过，子样不损失、不溢出；能自我清洗，无障碍，运转时只需极少量的维修；能避免煤样污染，如停机时杂质进入，更换煤种时原先采样的煤滞留；被采样煤的物理化学特性变化，如水分和粉煤损失、粒度分析样的粒度减小降至最低程度。当条件具备时，用皮带转运批煤过程中按移动煤流采样方法采取。（具体操作见 GB/T

19494.1）

（2）静止煤采样方法

静止煤采样方法主要适用于火车、汽车和浅驳船载煤的全深度和深部分层采样。一个采样单元可以是一列车、一节或数节车厢、一条或数条驳船。当条件具备时，在用皮带转运批煤过程中应按移动煤流采样方法采取。

静止煤采样机械基本要求：凡满足移动煤流采样机械基本要求规定的静止煤采样机械都可使用。使用静止煤采样机械前，应按 GB/T 19494.3 规定的方法进行偏倚试验，证明无实质性偏倚后方可使用。

**企业生产中什么情况下使用人工采样和机械采样?**

人工采样方法适用于需要在煤流、火车、汽车、船上和煤堆上采取商品煤样的情况。特别是在煤流采样中，人工采样平台位于机械采样楼和煤炭装船机之间，能够较好地弥补人工采样不能取到全断面的缺点。此外，人工采样也适用于在偏僻、登高地点采样，至少两人作业，以确保安全采样条件下的样品代表性。人工采样特别适用于无机械化采样设备或不便于施行机械化采样的场合。

机械采样方法则适用于机械化自动采样，如使用煤炭汽车采样机和便携式煤炭采样器。机械化采样不受场地空间等条件限制，可方便地对固体颗粒状物质进行全断面或某段深度的采样。

这两种采样方法各有优势，人工采样能够确保在特定环境下样品的代表性和真实性，而机械采样则提高了采样的效率和准确性，特别是在大规模生产和运输过程中。选择使用哪种方法取决于具体的采样环境和需求。

### 10.1.4 煤样的包装与采样报告

煤样应装在无吸附、无腐蚀的气密容器中，并有永久性的唯一识别标识。煤样标签或附带文件中应有以下信息：煤的种类、级别和标称最大粒度以及批的名称（船或火车名及班次）；煤样类型（一般煤样、水分煤样等）；采样地点、日期和时间。

煤样的采集报告应有正式签发的、全面的采样、制样和试样发送报告或证书。采样报告或证书除了应给出煤样的包装和标识规定的全部信息外，还应包括以下内容：报告的名称；委托人的姓名、地址；试验试样、仲裁试样和存查试样的最长保存期；任何偏离规定方法的采样和制样操作及其理由，以及采样和制样中观察到的任何异常情况。采样报告的有关信息应附在煤样上或应通知制样人员。

**某企业在煤样制取中，煤样未放在气密容器中会产生什么影响?**

煤样未放在气密容器中，会导致煤样变质，影响后续化验数据的准确性。

① 气密容器能够防止煤样与外部环境直接接触，避免煤样受到空气中的水分、氧气以及其他可能存在的化学物质的侵蚀，从而保持煤样的原始特性。

② 无吸附、无腐蚀的容器可以避免煤样被外界物质吸附或腐蚀，确保煤样的化学性质和物理性质在采样、运输和贮存过程中保持稳定。

③ 气密容器通常具有永久性的唯一识别标识，便于对煤样进行追踪和管理，确保在后续的分析和测试中能够准确无误地识别和使用正确的煤样。

# 10.2 煤样制备要求

## 10.2.1 煤样制备方法和流程

### 10.2.1.1 煤样制备程序

煤样的制备包括破碎、筛分、混合、缩分和干燥等程序。煤样的制备实际上是按粒度不同分级进行的，通常分 25mm、13mm、6mm、3mm、1mm 五组，最后制备成小于 0.2mm 的分析用煤样。煤的粒度越大，所保留的样品量越多。

（1）破碎

破碎是用机械或人工方法减小煤样粒度的操作过程。根据不同的化验需求，需要将煤样粉碎到不同的粒度。破碎的方法有两种：一种是机械法，即试样先用破碎机粗碎，然后用密封式研磨机细碎；另一种是手工法，在钢板上用手锤破碎后，在钢乳钵中细碎。

（2）筛分

筛分是将不符合要求颗粒度的煤样分离出来，并继续破碎以达到规定的颗粒度。这个过程有助于确保煤样的粒度分布满足后续分析或试验的需求。

（3）混合

混合是将煤样均匀混合的过程，可以通过人工或其他方法进行。这一步骤有助于减少煤样在缩分过程中的误差，提高分析的准确性。

混合的目的是使煤样尽可能均匀。从理论上讲，缩分前进行充分混合会减小制样误差，但实际并非完全如此。如在使用机械缩分器时，缩分前的混合对保证缩分精密度没有多大必要，而且混合还会导致水分损失。一种可行的混合方法是使试样多次（三次以上）通过二分器或多容器缩分器，每次通过后把试样收集起来，再供入缩分器。在试样制备最后阶段，用机械方法对试样进行混合能提高分样精密度。

（4）缩分

缩分是制样最关键的程序，目的在于减少煤样量。煤样缩分可以用机械方法在线进行或离线进行，也可用人工方法进行。只要条件允许，就应用机械方法缩分，以最大限度地减小人为误差。机械缩分器是以切割煤样的方式从煤样中取出一部分或若干部分。当煤样一次缩分后的质量大于要求量时，可将缩分后煤样用原缩分器或下一个缩分器作进一步缩分。当煤样明显潮湿，不能顺利通过缩分器或粘于缩分器表面时，应在缩分前按规定进行空气干燥。当机械缩分使煤样完整性破坏，如水分损失、粒度减小等时，应用人工方法缩分，但应小心操作，因人工方法本身可能会造成偏倚，特别是当缩分煤量较大时，应定期按 GB/T 19494.3 规定方法对离线制样的缩分机械或破碎-缩分联合机械进行精密度检验和偏倚试验。常用的缩分方法包括人工堆锥四分法。

（5）干燥

干燥是取出煤样中水分的过程，可以在任意阶段进行。对于全水分煤样的制备，干燥的目的是测定外在水分和在随后的制样过程中尽可能减少水分损失；对于一般分析煤样，干燥则是为了使煤样顺利通过破碎和缩分设备，避免在分析实验过程中煤样水分发生变化。

#### 10.2.1.2 各种煤样的制备

煤样分为以下几种：全水分试验煤样；一般分析试验煤样；全水分和一般分析试验共用煤样；粒度分析试验煤样；其他试验（如哈氏可磨性指数测定、二氧化碳化学反应性测定等）煤样。各种煤样的制备程序如下。

（1）全水分试验煤样制备程序

测定全水分的煤样既可由全水分专用煤样制备，也可在共用煤样制备过程中分取。全水分测定煤样应满足 GB/T 211 要求，全水分专用煤样的一般制备程序如图 10-1 所示。图 10-1 所示程序仅为示例，实际制样中可根据具体情况予以调整。当试样水分较低而且使用没有实质性偏倚的破碎缩分机械时，可一次破碎到 6mm，然后用二分器缩分到 1.25kg；当试样量和粒度过大时，也可在破碎到 13mm 前增加一个制样阶段。制备完毕的全水分煤样应储存在不吸水、不透气的密封容器中（装样量不得超过容器容积的 3/4）并准确称量。煤样制备后应尽快进行全水分测定。制样设备和程序应根据 GB/T 19494.3 所述进行精密度和偏倚试验，偏倚试验可采取下述方法之一进行：一是与未被破碎的煤样的水分测定值进行对比，但该法只适用于粒度在 13mm 以下的煤样；二是与人工多阶段制样测定程序测定值进行对比（即先空气干燥测定外在水分，再破碎到适当粒度测定内在水分，计算全水测定值，再进行对比），但应使用密封式、空气流动小的破碎机和二分器制样。

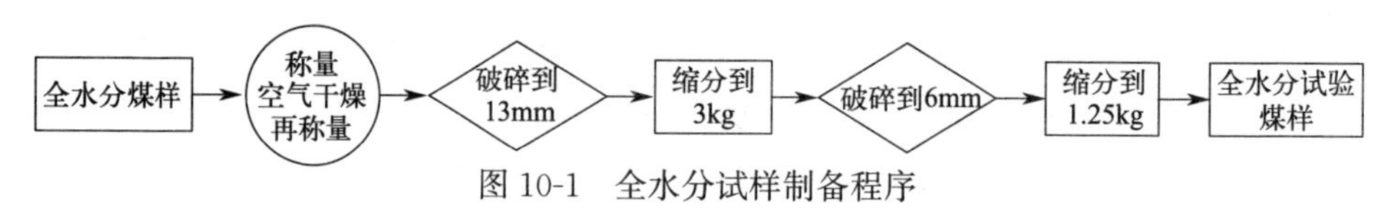


图 10-1　全水分试样制备程序

（资料来源：《煤炭机械化采样　第 2 部分：煤样的制备》）

（2）一般分析试验煤样制备程序

一般分析试验煤样应满足一般物理化学特性参数测定有关的国家标准要求，一般制备程序如图 10-2 所示。一般分析试验煤样制备通常分 2～3 个阶段进行，每个阶段由干燥（需要时）、破碎、混合（需要时）和缩分构成。必要时可根据具体情况增加或减少缩分阶段。每阶段的煤样粒度和缩分后煤样质量应符合表 10-4 要求。为了减少制样误差，在条件允许时，应尽量减少缩分阶段。制备好的一般分析试验煤样应装入煤样瓶中，装入煤样的量应不超过煤样瓶容积的 3/4，以便使用时混合。

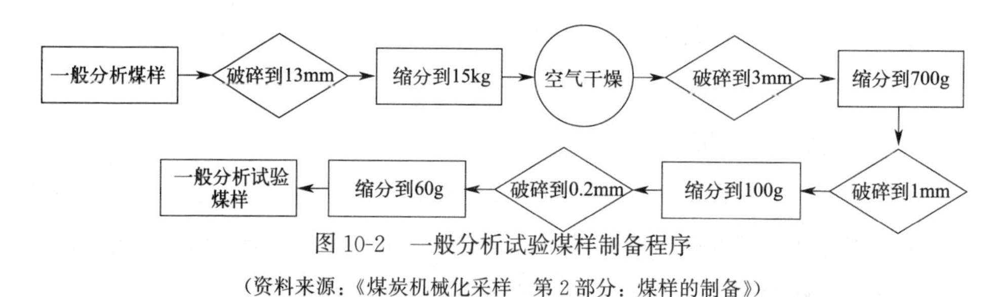


图 10-2　一般分析试验煤样制备程序

（资料来源：《煤炭机械化采样　第 2 部分：煤样的制备》）

（3）共用煤样制备程序

在多数情况下，为方便起见，采样时都同时采取全水分测定和一般分析试验用的共用煤样。制备共用煤样时，应同时满足 GB/T 211 和一般分析试验项目国家标准的要求，其制备程序如图 10-3 所示。全水分煤样最好用机械方法从共用煤样中分取；当水分过大而又不可能对整个煤样进行空气干燥时，可用人工方法分取。抽取全水分煤样后的留样用以制备一般分析试验煤样，但如用九点法抽取全水分煤样，则应先将之分成两部分（每份煤样量应满足表 10-4 要求），一部分制全水分煤样，另一部分制一般分析试验煤样。

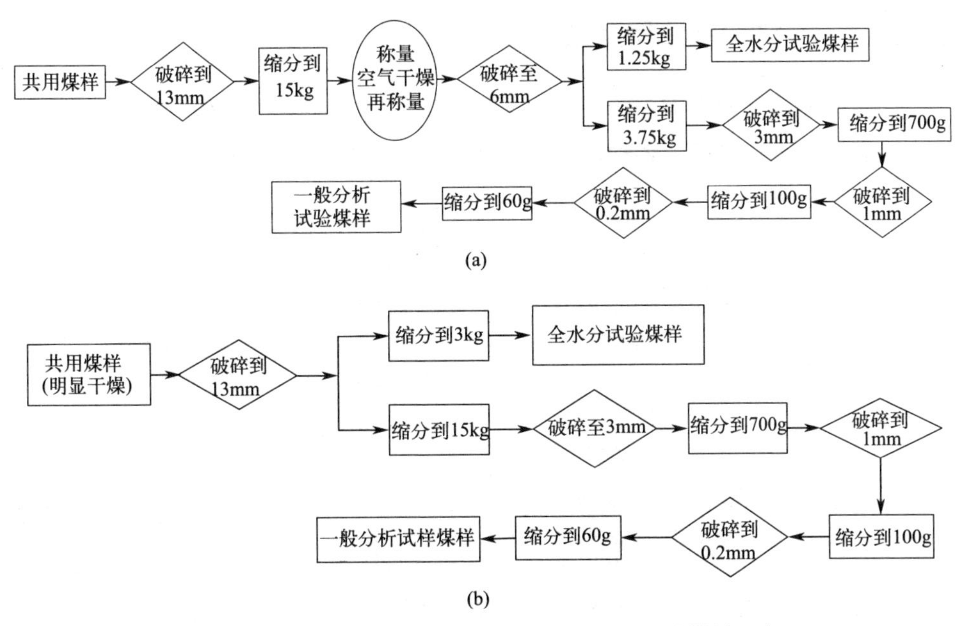


图 10-3　由共用煤样制备全水分和一般分析试验煤样程序

（资料来源：《煤炭机械化采样　第 2 部分：煤样的制备》）

（4）其他试验煤样制备

其他试验用煤样按一般分析试验和共用煤样试验进行制备，但其粒度和质量应符合有关试验方法的要求。粒度分析和其他试验煤样制备程序如图 10-4 所示。

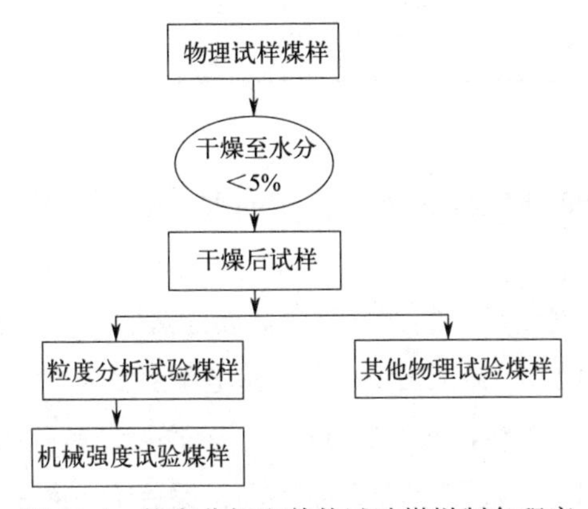


图 10-4　粒度分析和其他试验煤样制备程序

（资料来源：《煤炭机械化采样　第 2 部分：煤样的制备》）

粒度要求特殊的试验项目所用煤样，在相应的阶段使用相应设备制取，同时在破碎时应采用逐级破碎的方法，即大于要求粒度的颗粒破碎，小于要求粒度的颗粒不再重复破碎。

### 10.2.2 制样设备使用及维护

燃煤制样需要的仪器和工具有称量仪器、干燥设备、人工破碎和缩分工具、机械破碎和缩分工具等。各种设备的具体使用及维护说明详见表 10-7。

**表 10-7 煤样设备使用及维护**

| 设备分类 | | 使用及维护说明 |
|---|---|---|
| 称量仪器 | 磅秤、台秤、天平 | 应远离振动源，摆放天平的台面要坚固平稳，确保称量时不受微小振动的影响；室内天平应避免阳光直接照射，室内温度和湿度应尽可能保持稳定（以室温在 15～30℃范围内、湿度为 85%以下为宜）；室内避免强烈空气对流，以减少对称量结果的影响 |
| 干燥设备 | 马弗炉、箱型高温炉、鼓风（通氮）干燥箱 | 室内放置的高温设备应安放在坚固的台面上，台面应由不燃或绝热材料制作；各高温设备之间、高温设备与墙壁之间应有足够的距离，保证热量能及时散发；室内应安装适宜的排气装置，以便能及时排出试验时放出的烟气；室内不应放置易燃物品，应配备消防器材；对于有计算机控制及带有天平联机的自动工业分析仪，室温应在 15～30℃范围内；马弗炉、箱型高温炉、鼓风（通氮）干燥箱及自动工业分析仪的电源应单独布线 |
| 人工破碎、缩分工具 | 铁铲、锤击器、十字分样板、曹氏二分器 | 自然环境正常使用 |
| 机械破碎、缩分工具 | 破碎机、密封式制粉机、联合破碎缩分机 | 应定期检查破碎机的各个紧固件是否松动，如发现松动应及时紧固，以确保机器的稳定运行；定期清理破碎机的过滤器，以保证其正常工作，防止堵塞；定期检查进料口的尺寸和形状，如发现异常应及时处理。定期对缩分器进行检查和维护，清理内部异物，保持其正常工作 |
| 筛分设备 | 试验筛、振筛机 | 自然环境正常使用 |
| 辅助工具 | 盛样盘（桶、瓶）、毛刷、磁铁等 | 自然环境正常使用 |

**企业在煤样制备过程中需要注意哪些事项？**

（1）安全事项

① 防止火灾：煤粉易燃，制备过程中需要注意防火，应加强通风，避免在没有有效通风的情况下操作，避免出现火花、静电等引发火灾。

② 避免毒气中毒：煤粉在研磨的过程中，易产生二氧化碳、甲烷等有毒气体，操作人员需要戴好防护口罩、手套等防护用品，保持通风良好，避免因吸入有毒气体而导致中毒等危险情况。

③ 防止切伤：煤样研磨时会使用到破碎机等机械设备，切勿将手伸进机器内部进行操作，以免发生切割伤害。

④ 避免误食：煤样制备时需要将煤粉均匀混合，防止误食。操作人员需注意并保证操作场所整洁干净。

(2) 操作事项

① 遵循标准：分析煤样一律按《煤样的制备方法》(GB/T 474—2008) 制备，确保煤样的代表性和准确性。

② 容器选择：煤样应装入严密的容器中，如带有严密的玻璃塞或塑料塞的广口玻璃瓶，煤样量占玻璃瓶总容量的 1/2～3/4。

③ 混合均匀：称取煤样时，应先将其充分混匀，再进行称取，确保样品的均匀性。

④ 核对样品：接收煤样时，应核对样品标签、通知单等，确认无误后，再检查样品的粒度、数量是否符合规定。

### 10.2.3 制样环境及分区要求

煤样室（包括制样、贮样、干燥、减灰等房间）应宽大敞亮，不受风雨侵袭及外来灰尘的影响，要有防尘设备。

煤样制样室环境需满足以下要求：应装有排风扇或其他通风除尘设备；应设置煤样干燥间；应为水泥地面，并需在地面上铺以面积至少为 $10m^2$、厚度为 6mm 以上的钢板；室内严禁明火，不应有热源及强光照射，无任何化学药品；大功率设备（如破碎机）的电源应单独布线；应配备消防器材。

煤样制样的环境及分区要求旨在提供一个干净、控制良好的环境，以确保煤样的质量和代表性，从而为煤炭的质量评估和加工技术特性的确定提供可靠的依据。

### 10.2.4 制样记录及标签要求

煤样制样记录和标签要求主要包括以下几点。

① 制样前检查：在制样前，检验人员必须在样品室清点煤样数量，检查标签是否完整、编号是否完好、重量是否符合要求，查证无误后做好记录。

② 制样过程记录：建立煤样制样的工作台账，详细记录每一批煤样的制样过程，并进行及时归档和备份。

③ 标签填写：收到煤炭样品后，应根据煤炭样品编号填写煤炭样品标签，并按照样品制作顺序在样品原始记录本上登记。

④ 质量检查与监测：进行定期的质量检查，对制样质量进行评估和监测，发现问题及时处理。

⑤ 工具与设备维护：定期对制样工具和设备进行检查，确保其性能完好，保证制样过程的准确性和可靠性。

存查煤样，除须在容器上贴好标签外，还应在容器内放入煤样标签，封好。煤样标签应有分析煤样编号、采样编号、煤矿名称、煤样种类、送样单位、送样日期、制样日期、分析试样日期、分析试样项目。

## 10.3 煤样化验要求

### 10.3.1 检测频次及化验记录

煤样的采集要符合国家相关标准，确保采样的代表性和可重复性。煤样的制备质量直接影响到后续的煤炭化验数据的准确性。煤炭的化验是由研发的新一代检测煤炭各元素指标含量的仪器来测定煤炭各元素指标含量的过程。这些仪器主要检测全硫、发热量、煤的水分（全水分、分析水）、灰分、挥发分、固定碳、碳、氢、灰熔融性、炉渣含碳量、焦煤、石油焦、元素碳含量等相关项目测定。这些煤样的检测均为入炉煤或入厂煤，检测方式可每日检测、每批次检测或者每月检测，具体检测方式可依据相关标准进行检测。检测的目的是保证煤样的质量，确保其满足电厂的燃烧要求，从而提高发电效率和减少环境污染。

#### 10.3.1.1 元素碳含量具体检测要求

燃煤元素碳含量的测定应与燃煤消耗量状态一致（均为入炉煤或入厂煤），并确保采样、制样、化验和换算符合表 10-8 所列的方法标准。燃煤元素碳含量可采用以下方式获取。

① 每日检测：采用每日入炉煤检测数据加权计算得到月度平均收到基元素碳含量，权重为每日入炉煤消耗量。

② 每批次检测：采用每月各批次入厂煤检测数据加权计算得到入厂煤月度平均收到基元素碳含量，权重为每批次入厂煤接收量。

③ 每月缩分样检测：每日采集入炉煤样品，每月将获得的日样品混合，用于检测其元素碳含量。混合前，每日样品的质量应正比于该日入炉煤消耗量且基

准保持一致。

表 10-8　燃煤相关项目/参数的检测方法标准

| 检测项目 | | 依据标准 |
| --- | --- | --- |
| 采样 | | GB/T 475、GB/T 19494.1 |
| 制样 | | GB/T 474、GB/T 19494.2 |
| 化验 | 全水分 | GB/T 211、DL/T 2029 |
| | 水分、挥发分、灰分 | GB/T 211、DL/T 1030、GB/T 30732 |
| | 全硫 | GB/T 214、GB/T 25214 |
| | 发热量 | GB/T 213 |
| | 碳 | GB/T 476、GB/T 30733、DL/T 568、GB/T 31391 |
| 基准换算 | — | GB/T 483、GB/T 35985 |

燃煤元素碳含量应于每次样品采集之后 40 个自然日内完成该样品检测，检测报告应同时包括样品的元素碳含量、低位发热量、氢含量、全硫、水分等参数的检测结果。检测报告应由通过 CMA 认定或 CNAS 认可且检测能力包括上述参数的检测机构/实验室出具，并盖有 CMA 资质认定标志或 CNAS 认可标识章。其中的低位发热量仅用于数据可靠性的对比分析和验证。元素碳含量未实测或测定方法不符合标准规范的，应取缺省值。煤元素碳含量的报告值为干燥基或空气干燥基分析结果，应采用相应公式转换为收到基元素碳含量。重点排放单位应保存不同基转换涉及水分等数据的原始记录。

燃油、燃气的元素碳含量至少每月检测，可自行检测、委托检测或由供应商提供。对于天然气等气体燃料，元素碳含量的测定应遵循 GB/T 13610 和 GB/T 8984 等相关标准，根据每种气体组分的体积浓度及该组分化学分子式中碳原子的数目计算元素碳含量。某月有多于一次实测数据时，取算术平均值为该月数值。

### 10.3.1.2　低位发热量具体检测要求

燃煤收到基低位发热量的测定应与燃煤消耗量数据获取状态一致（均为入炉煤或入厂煤）。应优先采用每日入炉煤检测数值。不具备入炉煤检测条件的，采用每日或每批次入厂煤检测数值。已有入炉煤检测设备设施的重点排放单位，一般不应改用入厂煤检测结果。

燃煤的年度平均收到基低位发热量由月度平均收到基低位发热量加权平均计算得到，其权重是燃煤月消耗量。入炉煤月度平均收到基低位发热量由每日/班所耗燃煤的收到基低位发热量加权平均计算得到，其权重是每日/班入炉煤消耗量。入厂煤月度平均收到基低位发热量由每批次平均收到基低位发热量加权平均计算得到，其权重是该月每批次入厂煤接收量。当某日或某批次燃煤收到基低位发热量无实测时，或测定方法均不符合表 10-8 要求时，该日或该批次的燃煤收到基低位发热量应取 26.7GJ/t。生态环境部另有规定的，按其规定执行。

燃油、燃气的低位发热量应至少每月检测，可自行检测、委托检测或由供应商提供，遵循 DL/T 567.8、GB/T 13610 或 GB/T 11062 等相关标准。检测天然气低位发热量的压力和温度依据 DL/T 1365 采用 101.325kPa、20℃的燃烧和计量参比条件，或参照 GB/T 11062 中的换算系数计算。燃油、燃气的年度平均低位发热量由每月平均低位发热量加权平均计算得到，其权重为每月燃油、燃气消耗量。某月有多于一次的实测数据时，取算术平均值为该月数值。无实测时采用《核算报告指南》附录 A 规定的各燃料品种对应的缺省值。

#### 10.3.1.3 信息公开要求

元素碳含量和低位发热量自行检测的，应公开检测设备、检测频次、设备校准频次和测定方法标准信息；委托检测的应公开委托机构名称、检测报告编号、检测设备、检测人员、检测结果、检测日期和测定方法标准信息；未实测的应公开所选取的缺省值。

委托检测机构/实验室检测燃煤元素碳含量、低位发热量等参数时，应确保符合元素碳含量的测定标准与频次和低位发热量的测定标准与频次的相关要求；检测报告应载明收到样品时间、样品对应的月份、样品测试标准、收到样品重量和测试结果对应的状态（干燥基或空气干燥基）。委托检测应保留检测机构/实验室出具的检测报告及相关材料备查，包括但不限于样品送检记录、样品邮寄单据、检测机构委托协议及支付凭证、咨询服务机构委托协议及支付凭证等。

计算发电厂碳排放所涉及的元素碳含量、低位发热量检测的煤样，应留存每日或每班煤样，从报出结果之日起保存 2 个月备查，月缩分煤样应从报出结果之日起保存 12 个月备查。煤样的保存应符合 GB/T 474 或 GB/T 19494.2 中的相关要求。

### 10.3.2 全水分分析及记录要求

在对煤炭进行样本制作的过程中，还需要进行全水分样品的提取。对于一些水分含量较大的煤炭样品，需要尽可能地避免在 6mm 阶段进行实地操作，在具体操作的过程中还需要考虑温度和湿度对样本的影响。通过一些专业技术手段进行干燥处理之后才可以在正常状态下对全水分样品进行提取，保证样品检测的科学性和有效性。

煤样全水分依据标准《煤中全水分的测定方法》（GB/T 211—2017）进行测定，该标准规定了煤中全水分的方法提要、试剂和材料、仪器设备、样品、测定步骤、精密度和试验报告。GB/T 211—2017 规定煤样全水分测定的氮气干燥法适用于所有煤种，空气干燥法适用于烟煤和无烟煤。煤样全水分测定自动仪器法参照标准《煤中全水分测定　自动仪器法》（DL/T 2029—2019）。

### 10.3.2.1　方法提要

（1）方法 A（两步法）

① 方法 A1：氮气干燥。称取一定量的 13mm 试样，在温度不高于 40℃的环境下干燥到质量恒定，再将干燥后的试样破碎到标称最大粒度 3mm，于 105～110℃下，在氮气流中干燥到质量恒定。根据试样经两步干燥后的质量损失计算出全水分。

② 方法 A2：空气干燥。称取一定量的 13mm 试样，在温度不高于 40℃的环境下干燥到质量恒定，再将干燥后的试样破碎到标称最大粒度 3mm，于 105～110℃下，在空气流中干燥到质量恒定。根据试样经两步干燥后的质量损失计算出全水分。

（2）方法 B（一步法）

① 方法 B1：氮气干燥。称取一定量的 6mm（或 13mm）试样，于 105～110℃下，在氮气流中干燥到质量恒定，根据试样干燥后的质量损失计算出全水分。

② 方法 B2：空气干燥。称取一定量的 13mm（或 6mm）试样，于 105～110℃下，在空气流中干燥到质量恒定，根据试样干燥后的质量损失计算出全水分。

### 10.3.2.2　试剂和材料

无水氯化钙（化学纯，粒状）；变色硅胶（工业品）；氮气（纯度≥99.9%，含氧量<0.01%）；浅盘（由搪瓷、不锈钢、镀锌铁板或铝板等耐热、耐腐蚀材料制成，其规格应能容纳 500g 试样，且单位面积负荷不超过 1g/cm$^2$）；玻璃称量瓶（直径 70mm，高 35～40mm，并带有严密的磨口盖）；取样器具（适用于 13mm 或 6mm 试样，开口尺寸至少为相应粒度的 3 倍）。

### 10.3.2.3 仪器设备

空气干燥箱、通氮干燥箱、分析天平、工业天平、干燥器、流量计、干燥剂、干燥塔等。

空气干燥箱带有自动控温和鼓风装置，能控制温度在 30～40℃和 105～110℃范围内，有气体进、出口，有足够的换气量，每小时可换气 5 次以上。

通氮干燥箱带自动控温装置，能保持温度在 105～110℃范围内，可容纳适量的称量瓶，且具有较小的自由空间，有氮气进、出口，每小时可换气 15 次以上。

分析天平分度值 0.001g；工业天平分度值 0.1g。

干燥器：内装变色硅胶或粒状无水氯化钙。

流量计：量程 100～1000mL/min。

干燥塔容量 250mL，内装变色硅胶或粒状无水氯化钙。

### 10.3.2.4 样品制备

按照 GB/T 474 或 GB/T 19494.2 的规定制备出全水分试样，其中 13mm 的全水分试样不少于 3kg，6mm 的全水分试样不少于 1.25kg。

在测定全水分之前，应首先检查煤样容器的密封情况。然后将其表面擦拭干净，称重，称准到总质量的 0.1%，并与容器标签所注明的质量进行核对。如果发生质量损失，并且能确定煤样在运送和储存过程中没有损失时，应将减少的质量作为煤样的水分损失量，计算水分损失百分率，并按规定进行水分损失补正。如果质量损失大于 1.0%时，则不可进行水分损失补正，在报告结果时，应注明“未经水分损失补正”，并将容器标签和密封情况一并报告。

称取试样之前，应将密封容器中的试样充分混合均匀（混合时间不少于 1min）。

### 10.3.2.5 测定步骤

（1）方法 A（两步法）

① 外在水分（方法 A1 和方法 A2，空气干燥）。在预先干燥和已称量过的浅盘内迅速称取 13mm 的试样 490～510g（称准至 0.1g），平摊在浅盘中，于环境温度或不高于 40℃的空气干燥箱中干燥到质量恒定（连续干燥 1h，质量变化不超过 0.5g），记录恒定后的质量（称准至 0.1g）。对于使用空气干燥箱干燥的情况，称量前需使试样在试验室环境中重新达到湿度平衡。

按式(10-6) 计算外在水分：

$$M_f=\frac{m_1}{m}\times100\% \tag{10-6}$$

式中　$M_f$——试样的外在水分；

$m$——称取的 13mm 试样质量，g；

$m_1$——试样干燥后的质量损失，g。

② 内在水分（方法 A1，通氮干燥）。将测定外在水分后的试样立即破碎到标称最大粒度 3mm，在预先干燥和已称量过的称量瓶内迅速称取 9～11g 试样（称准至 0.001g），平摊在称量瓶中。打开称量瓶盖，放入预先通入经干燥塔干燥的氮气并已加热到 105～110℃的通氮气干燥箱中，烟煤干燥 1.5h，褐煤和无烟煤干燥 2h。从干燥箱中取出称量瓶，立即盖上盖，在空气中放置约 5min，然后放入干燥器中，冷却到室温（约 20min），称量（称准至 0.001g）。进行检查性干燥，每次 30min，直到连续两次干燥试样的质量减少不超过 0.01g 或质量增加时为止，在后一种情况下，采用质量增加前一次的质量作为计算依据。内在水分在 2.0%以下时，不必进行检查性干燥。

按式(10-7) 计算内在水分：

$$M_{inh}=\frac{m_3}{m_2}\times100\% \tag{10-7}$$

式中　$M_{inh}$——试样的内在水分；

$m_2$——称取的试样质量，g；

$m_3$——试样干燥后的质量损失，g。

③ 内在水分（方法 $A_2$，空气干燥）。除将通氮气干燥箱改为空气干燥箱外，其他操作步骤按“内在水分（方法 A1，通氮干燥）”的规定进行。

④ 结果计算。方法 A 按式(10-8) 计算煤中全水分：

$$M_t=M_f+\frac{100-M_f}{100}\times M_{inh} \tag{10-8}$$

式中　$M_t$——煤中全水分；

$M_f$——试样的外在水分；

$M_{inh}$——试样的内在水分。

如试验证明，按 GB/T 212 测定的一般分析试验煤样水分（$M_{ad}$）与按 GB/T 211 标准测定的内在水分（$M_{inh}$）相同，则可用前者代替后者。对某些特殊煤种，按 GB/T 211 标准测定的全水分会低于按 GB/T 212 测定的一般分析试验煤样水分，此时应用两步法测定全水分，并用一般分析试验煤样水分代替内在水分。

（2）方法 B（一步法）

① 方法 $B_1$（通氮干燥）。在预先干燥和已称量过的称量瓶内迅速称取 6mm 的试样 10～12g（称准至 0.001g），平摊在称量瓶中。打开称量瓶盖，放入预先通入干燥氮气并已加热到 105～110℃的通氮干燥箱中，烟煤干燥 2h，褐煤和无烟煤干燥 3h。从干燥箱中取出称量瓶，立即盖上盖，在空气中放置约 5min，然后放入干燥器中，冷却到室温（约 20min），称量（称准至 0.001g）。进行检查性干燥，每次 30min，直到连续两次干燥试样的质量减少不超过 0.01g 或质量增加时为止，在后一种情况下，采用质量增加前一次的质量作为计算依据。

② 方法 $B_2$（空气干燥）。

a. 13mm 试样的全水分：在预先干燥和已称量过的浅盘内迅速称取 13mm 的试样 490～510g（称准至 0.1g），平摊在浅盘中；将浅盘放入预先加热到 105～110℃的空气干燥箱中，在鼓风条件下，烟煤干燥 2h，无烟煤干燥 3h；将浅盘取出，趁热称量（称准至 0.1g）；进行检查性干燥，每次 30min，直到连续两次干燥试样的质量减少不超过 0.5g 或质量增加时为止，在后一种情况下，采用质量增加前一次的质量作为计算依据。

b. 6mm 试样的全水分：除将通氮干燥箱改为空气干燥箱外，其他操作步骤同方法 $B_1$（通氮干燥）。

③ 结果计算。方法 B 按式(10-9) 计算煤中全水分：

$$M_t=\frac{m_4}{m}\times 100\% \tag{10-9}$$

式中 $M_t$——煤中全水分；

$m$——称取的试样质量，g；

$m_4$——试样干燥后的质量损失，g。

（3）试样水分损失补正

试样需要进行水分补正时，则按式(10-10) 求出补正后的全水分值。

$$M'_t=M_1+\frac{100-M_1}{100}\times M_t \tag{10-10}$$

式中 $M'_t$——补正后的煤中全水分；

$M_1$——试样的水分损失；

$M_t$——按式(10-8) 或式(10-9) 计算得出的全水分。

（4）煤炭制样过程中空气干燥的水分损失补正

如在制备全水样试样前，对煤样进行了空气干燥，造成煤样质量损失，则按式(10-11) 求出补正后的全水分值。

$$M''_t = X + \frac{100 - X}{100} \times M \tag{10-11}$$

式中 $M''_t$——补正后的全水分；

$X$——制样中空气干燥时煤样的质量损失率；

$M$——按式(10-9) 或式(10-10) 中计算的全水分。

#### 10.3.2.6 方法的精密度

全水分测定结果的重复性限根据全水分的百分比不同而有所不同，全水分分析测定结果的重复性限应符合以下要求：①当全水分小于10%时，重复性限为0.4%；②当全水分大于等于10%时，重复性限为0.5%。这些标准确保了在不同条件下进行多次测量时，测量结果的一致性和可靠性。

#### 10.3.2.7 试验报告要求

全水分分析试验报告的记录要求至少包括以下信息：试样编号、依据标准、使用的方法、试验结果、与标准的任何偏离、试验中出现的异常现象、试验日期。

**企业自检全水分煤样需要注意哪些事项?**

应保持煤采样时的全部水分，不允许有损失。采取的全水分煤样应保存在密封良好的容器内，并存放在阴凉干燥的地方，以避免水分蒸发或增加。

制样速度要快，使用密封式破碎机进行破碎，以减少水分损失。全水分样品送到实验室后应立即测定，以减少水分变化的可能性。

全水分是规范性的测定项目，必须严格按照标准中的规定要求进行操作，包括破碎和缩分的点位必须符合标准的规定。

全水分测定的煤样不宜过细，若要用较细的试样测定，则应用密封式破碎机或采用两步法进行测定，即先破碎到较大粒度测其外在水分，再破碎到较小粒度测其内在水分。

在称取煤样前，应将密封容器中的煤样混合至少1min后再称量，这一步的目的是确保煤样的均匀性，避免因为煤样不均匀而导致化验结果的偏差。

### 10.3.3 自检企业的凭据管理

自检企业的凭据管理是确保煤样化验数据的准确性和可靠性的关键。自检企业的凭据管理是一项综合性的工作，涉及采样、制备、化验以及数据处理的各个环节，通过建立规范的管理制度和实施有效的质量控制措施，可以确保化验数据的准确性和可靠性，为企业的质量管理和决策提供可靠的依据。

煤样自检企业的凭据管理涉及多个方面，包括采样方案、样品制备方案、化验方案、数据处理方案、检测结果和检测报告等。这些方案需要明确采样方法、位置、时间和数量，确保样品的代表性和真实性；明确样品的制备方法、程序和要求，保证样品的完整性和一致性；明确化验项目、方法和标准，确保化验数据的准确性和可靠性；明确数据的记录、审核和报告程序，确保化验结果的科学性和规范性。此外，建立煤炭质量化验数据管理系统，对化验数据进行存档、汇总和分析，也是凭据管理的重要环节。

煤样自检企业的凭据管理主要是确保煤样检测的准确性和可靠性，通过建立完善的检测制度、设备维护、人员培训以及质量管理体系，可以保障煤炭质量安全和提升生产效率。

为了确保化验工作的准确性和及时性，企业应配备足够的人员和设备。参与煤炭检验工作的人员应具备相关专业知识和技能，并具备相关岗位资格证书。企业应定期对煤炭化验人员进行培训和考核，确保其技能持续更新和提高。企业配备的检测设备，如取样器、煤质分析仪等，需定期进行维护和校准，由质量部门负责监督和检查煤炭质量检测工作，对检测结果进行核准和审查，提出改进意见。同时，化验实验室应建立完善的质量控制和质量保证体系，包括质量管理手册、作业指导书、仪器校准记录等，以确保化验结果的可靠性和准确性。煤炭检验结果应及时编制检验报告，并准确记录检验数据和过程。检验报告应包括检验结果、检验方法、检验仪器设备及操作人员等相关信息，并根据不同需求提供电子版和纸质版，确保信息的安全和完整性。

### 10.3.4 送检企业的凭据管理

第三方企业负责煤质监测分析，能够确保煤样化验结果的准确性和公正性，为煤炭生产者、经销商或使用者提供可靠的参考依据，同时也为煤炭交易双方的贸易结算提供依据。

煤样化验送检企业的凭据管理主要包括以下几个方面。

一是送检程序记录凭据管理。送检企业要做好采样记录、制样记录、送检记录、邮寄单据、检测报告等各项记录的管理工作，确保送检程序的前后一致性和合规性。

二是送检样品的管理。送检样品要做好记录工作，保证信息充分、客观、真实，这对于追溯和验证检验结果的准确性和公正性至关重要。记录内容包括送样人、接收样品人、送检单位、送检方式、送检时间、送检样品类型、送检样品数量等详细信息，做好纸质材料与电子材料归档工作。样品管理制度中样品的保管由办公室收样人负责。送检单位在送检样品时应准确填写试验委托单，并交到收样人处办理委托手续。收样人检查样品是否符合试验条件、委托单填写是否正确，并对符合要求的试样进行编号放入收样室保存。样品上应有明显标志，确保不同单位、未检和已检样品不致混淆。其中样品的保管应做到账、物、卡三者相符。样品的检测人员接到派工时，到收样室领取样品。检测前仔细核对样品的标记特征与试验委托的一致性，才能开始采样、制样和试验。

三是检测数据的管理。样品检测过程中，要做好详细记录，包括样品检测时间、检测顺序、检测对象、检测结果、检测人/记录人、校核人等详细信息，做好纸质材料与电子材料归档工作。

四是检测报告的管理。检验数据最后要汇总成检验报告，作为第三方检验的最终产品，关系到结算双方的商务往来纠纷和检测中心的公信力、权威性。因此，除了保证检验数据的准确性外，报告出具的合法性尤为重要。我国很多检验中心具备多重资质，因此在对外开展工作时需要区分使用哪种资质，确保报告结论简明、扼要、清晰、有据可依。检测报告要做好电子归档及纸质归档工作，以备检查。

第三方检测机构应及时调查、回复、处理，必要时可用存查煤样进行复检。当采样、制样、化验过程中出现较大失误或存查煤样无法使用时，可以对具备采样条件的原批次商品煤进行第二次采样、复检，确保数据的准确性和可靠性。

针对有疑问的煤样，根据煤质的特性初步判定是否合理，并对在判定合格与不合格边界的用于仲裁性质的样品进行调整仪器设备状态复检处理，并在样品检验前后带标样复检后再报出结果。这一过程确保了检验数据的准确性和公正性，避免了因设备状态不稳定或操作失误导致的误差。

## 10.4 煤样留存要求

### 10.4.1 存样间的环境要求

煤样存样间的环境要求是为了确保煤样的质量和安全性，避免煤样受到外界环境的影响，从而保证煤样分析结果的准确性。具体要求如下：

① 存样间应保持较低的温度，保持低温是为了减缓煤样的化学反应速度，防止煤样变质；

② 存样间应保持干燥，潮湿的环境可能导致煤样吸湿，影响其化学和物理性质；

③ 直接日照可能导致煤样温度升高，加速氧化反应，因此存样间应避免直接日照；

④ 样品柜应具备不吸水、不透气的特性，以保证煤样不会因为容器问题而受到影响；

⑤ 为了确保煤样的安全性和保密性，防止未经授权的人员接触煤样，样品柜应配备两把钥匙；

⑥ 样品按取样时间、密码编号等摆放整齐，这样有助于追踪和管理每一个煤样，确保可以快速准确地找到需要的煤样；

⑦ 样品保留期为从化验报告报出之日起保存 2 个月，这是为了确保在一定的时间内可以对煤样进行复查或进一步分析，同时也符合实验室的管理规定；

⑧ 弃样要有记录，这是为了追踪和管理，确保每一个处理过的煤样都有记录，便于日后查阅和审计。

### 10.4.2 样品保存记录要求

煤样样品的保存记录要求包括详细的样品信息记录、样品状态检查、存样环境的控制以及定期的内部和外部审核。样品检测结束，检测结果经核实后，应将要求存放的样品送存样室保管。超过保管期的样品，应妥善处理，以减少对环境的影响。

（1）样品信息记录

煤样样品的保存记录应包括样品的来源、采样日期、采样地点、样品编码等关键信息。这些信息对于追踪样品的来源和确保样品的可追溯性至关重要。

（2）样品状态检查

在保存及运输过程中，应检查煤样样品的外观、状态，确保样品未受损坏或污染。特别是要检查封条是否完好以及样品是否保持了原有的状态，这对于保证检测结果的准确性至关重要。

(3) 存样环境的控制

煤样样品应存放在专用存样室，采取适当的环境控制措施，如温度和湿度控制，以确保样品的保存期限和质量。存样室应定期巡查，确保存储环境的整洁和安全。

(4) 定期的内部和外部审核

煤炭存样工作应定期进行内部审核和外部审核，以确保存样工作的规范性和有效性。内部审核由专门的存样质控人员进行，而外部审核则由相关部门的监管人员进行，这有助于确保存样工作的合规性和质量把控。

### 10.4.3 留存煤样数量要求

留存煤样在原始煤样制备的同时，用相同的程序（参照标准 GB/T 474）于一定的制样阶段分取。如无特殊要求，一般可以标称最大粒度为 3mm 的煤样 700g 作为存查煤样。存查煤样应尽可能少缩分，缩分到最大可储存量即可；也不要过多破碎，破碎到从表 10-4 和表 10-5 中查到的与最大储存质量相应的标称最大粒度即可。

存查煤样的保存时间可根据需要确定。所有涉及发电行业中元素碳含量、低位发热量检测的煤样，应留存每日或每班煤样，从报出结果之日起保存 2 个月备查；月缩分煤样应从报出结果之日起保存 12 个月备查。煤样的保存应符合 GB/T 474 或 GB/T 19494.2 中的相关要求。

## 10.5 检测报告要求

### 10.5.1 检测管理制度要求

(1) 检测报告管理制度

检测报告管理制度应包含以下事项：检验报告的格式依据标准、规范、规程办法和技术条件制定；检验报告应逐栏填写，空白栏应划斜线占空；检验数据填写要标准，结论要明确，字迹要清晰工整；检测报告必须由检测人、校核人、签发人逐级确认；审查无误后加盖检测专用章和 CMA 章发出；检测报告一律采用与原始记录相同的编号；存档检测报告与原始记录一起交由资料员登记存档，要查阅检测资料必须办理审批手续；已发出的检验报告需要更改时，应报技术负责人批准后进行更改。

(2）检测原始数据管理制度

检测原始数据管理制度应做到以下事项：一是原始记录格式依据标准、规范、规程办法和技术条件制定；二是填写原始记录，不得用铅笔书写，字迹必须清楚，纸面整洁；三是原始记录应按表格内容逐栏填写，做到真实完整，空白栏应划斜线占空；四是试验检测报告及原始记录一律采用法定计量单位；五是原始记录填写完并由记录人签字后，交由校核人员进行校核并签字；六是原始记录不准涂改、刮改，只准划改，划改处由划改人盖上红印私章；七是原始记录与试验报告一起交由资料员存档；八是原始记录的查阅应报技术负责人批准后方可进行。

**企业如存在煤样检测报告数据造假应受到什么处罚?**

对于煤样检测报告数据造假的行为依据《碳排放权交易管理暂行条例》，由生态环境主管部门责令改正，没收违法所得，并处违法所得5倍以上10倍以下的罚款；没有违法所得，或者违法所得不足50万元的，处50万元以上200万元以下的罚款；对其直接负责的主管人员和其他直接责任人员处5万元以上20万元以下的罚款；拒不改正的，按照50%以上100%以下的比例核减其下一年度碳排放配额，可以责令停产整治。

## 10.5.2 检测机构资质要求

煤样的检测机构需具备一定资质，以保证检测结果的准确性和可靠性。自2022年4月起，发电行业重点排放单位需通过具有中国计量认证（CMA）资质或经过中国合格评定国家认可委员会（CNAS）认可的检测机构/实验室出具煤样检测报告（包含元素碳含量、燃煤低位发热量等）。检测机构/实验室需出具检测报告原件。报告和机构检测资质的真实性可通过国家市场监督管理总局全国认证认可信息公共服务平台查询。检测机构资质示例见图10-5。

## 10.5.3 检测报告内容要求

检测报告内容要求通常包含以下几个方面。

① 样品信息：包括样品名称、样品来源、采样日期、送检单位等，确保所检测的样品的真实性和准确性。

② 检测方法：包括所采用的仪器设备、试剂和操作流程等，保证检测结果的准确性和可靠性。

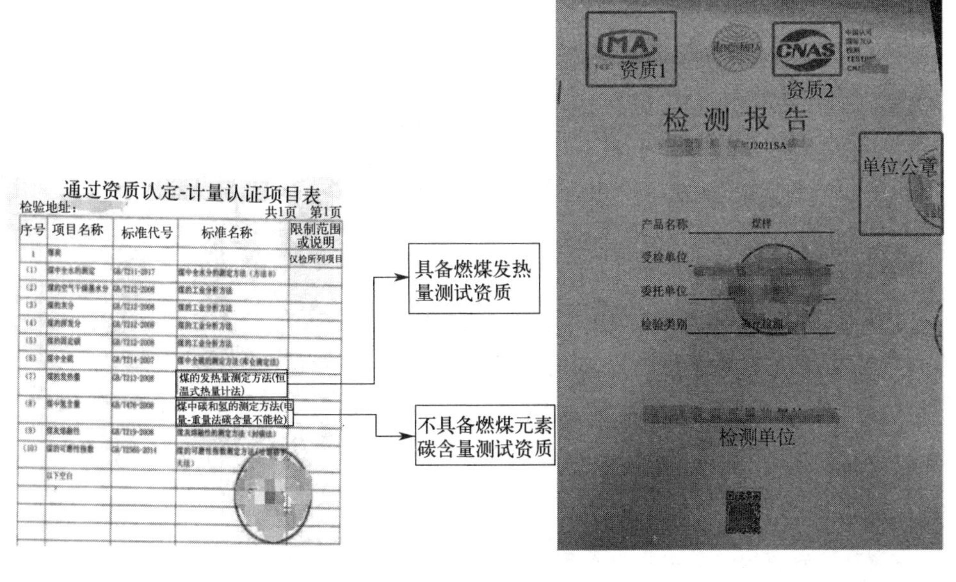


图 10-5　检测机构资质示例

③ 检测结果和数据分析：对样品中各项指标进行检测所得的具体结果，通常以表格或图表的形式呈现，同时对检测结果进行详细的数据分析和解释。

④ 结论：对检测结果的总结和评价，包括是否符合相关标准和法规要求，以及对可能存在的问题的风险评估和建议。

⑤ 产品信息：包括产品名称、型号、制造商等，确保准确标识被测试的产品。

⑥ 检测标准：指明所采用的检测标准和测试方法，确保测试的准确性和一致性。

⑦ 测试项目：列出进行的具体测试项目，涵盖产品的各个方面，如元素碳含量、低位发热量、氢含量、全硫、水分等参数的检测。

⑧ 评估和结论：基于测试结果，判断产品是否符合相关标准和法规要求，给出正面或负面的结论。

⑨ 建议和改进：如果检测报告发现产品存在问题或不符合要求，提供改进建议和建议措施。

此外还包括检测报告的签发日期和签发机构以及报告的编号、份数等。这些信息共同构成了检测报告的主要内容，旨在为产品提供全面的质量保证和性能评估。

## 10.6 案例介绍

**伪造煤样会受到什么处罚？**

问题：某碳排企业未留历史煤样，技术服务机构指导控排企业临时制造煤样代替检测年份的月混合煤样检测元素碳含量，导致碳排放数据失真，这样的技术服务机构应受到什么处罚？

解释：根据《碳排放权交易管理暂行条例》第二十三条，技术服务机构出具不实或者虚假的检验检测报告的，由生态环境主管部门责令改正，没收违法所得，并处违法所得5倍以上10倍以下的罚款；没有违法所得或者违法所得不足2万元的，处2万元以上10万元以下的罚款；情节严重的，由负责资质认定的部门取消其检验检测资质。

对技术服务机构直接负责的主管人员和其他直接责任人员处2万元以上20万元以下的罚款，五年内禁止从事温室气体排放相关检验检测、年度排放报告编制和技术审核业务；情节严重的，终身禁止从事前述业务。

### 思考题

(1) 煤样的采集、制备、保存过程中有哪些注意事项？

(2) 煤样送检机构/实验室资质要求有哪些？

(3) 若企业某排放因子数据的检测值与缺省值相差较大，但其数据检测频次未达到行业核算报告指南的要求，在原材料来源比较固定的情况下，能否采用检测值作为数据来源？

(4) 某企业煤样依据GB/T 211的规定实测入炉煤全水分，选用《煤中全水分的测定方法》(GB/T 211) 中微波干燥法测量。该标准的2017年更新版中，微波干燥法由标准正文调整至资料性附录中，请问企业还可以采用微波干燥法进行全水分测量吗？

(5) 如果企业有两台机组，共用一条上煤皮带秤并从皮带秤上取样，低位发热量和元素碳含量实测数据仅有一个，是否可以分机组核算？

# 参考文献


［1］ 方恺，李程琳，许安琪．气候治理与可持续发展目标深度融合研究［J］．治理研究，2021，37（3）：86-94.

［2］ 项目综合报告编写组．《中国长期低碳发展战略与转型路径研究》综合报告［J］．中国人口·资源与环境，2020，30（11）：1-25.

［3］ 李志斐，董亮，张海滨．中国参与国际气候治理30年回顾［J］．中国人口·资源与环境，2021，31（9）：202-210.

［4］ 关孔文，李倩慧．欧美对全球气候治理体系的重塑：从“气候俱乐部”到“碳边境调节”［J］．国际展望，2023，15（5）：99-117，164-165.

［5］ 叶芳羽．环境经济政策的减污降碳协同效应与优化研究［D］．长沙：湖南大学，2021.

［6］ 付晓雨．我国碳排放权交易市场及其对企业碳会计应用的影响研究：以发电企业D公司为例［D］．南昌：南昌大学，2022.

［7］ 陈一博，雷良海．“双碳”背景下碳排放的边际外部性成本及最佳碳税的思考［J］．中国环境管理，2023，15（4）：53-60.

［8］ 陈虹铮．我国碳排放权交易监管制度研究［D］．福州：福建农林大学，2023.

［9］ 世界可持续发展工商理事会，世界资源研究所．温室气体核算体系：企业核算与报告标准［M］．修订版．许明珠，宋然平，译．北京：经济科学出版社，2012.

［10］ 祁海波，邹洋，李钊，等．热电联产机组供热能耗影响因素研究［J］．热能动力工程，2023，38（6）：88-95.

［11］ 邵媛．火电企业碳排放数据管理研究［J］．华电技术，2018，40（3）：62-65，69，80.

［12］ 余雪，谭忠富．燃煤电厂供热能耗的数据分析研究［J］．数学的实践与认识，2020，50（23）：119-128.

［13］ 马皓诚，左国防，宋国辉．燃气热电联产机组及热网系统的碳排放分摊研究［J］．江苏科技信息，2024，41（10）：118-123.

［14］ 国家应对气候变化战略研究和国际合作中心，全国碳市场百问百答［M］．北京：中国环境出版集团，2022：26，35，38，44.

［15］ 黄辰光．从碳市场看燃煤机组生产方式的转变方向［J］．能源与节能，2024，（2）：93-97，179.

［16］ 葛铭，陈国庆，陈辉，等．掺烧污泥对电站锅炉性能影响的试验研究［J］．热能动力工程，2024，39（7）：131-139.

［17］ 李源，郭志成，赵鑫平，等．燃煤机组耦合蒸气干化污泥能耗特性试验［J］．洁净煤技术，2022，28（3）：95-101.

［18］ 张森林．“双碳”背景下优化调整电网碳排放因子的思考［J］．中国电力企业管理，2022，（22）：62-65.

［19］ 薛俊滨．火电企业燃煤采购与管理策略研究［J］．现代工业经济和信息化，2023，13（10）：233-235.

［20］ 崔修强．燃煤全水分在线自动检测系统的研发与设计［J］．煤质技术，2018，（6）：36-40.

［21］ 马凯，韩文涛，丁艺，等．煤种对燃煤电厂碳排放经济性的影响研究［J］．热能动力工程，2018，

33（9）：142-146，85.
［22］ 刘娜．煤炭水分对入炉煤热值的影响［J］．科技视界，2014，（22）：283-284.
［23］ 王小龙，王强，王小峰，等．燃煤电厂关键排放因子对碳排放量影响研究［J］．山东化工，2019，48（23）：239-243.
［24］ 朱海磊，曲有为．政策解读：发电设施碳配额分配方案的“变”与“不变”［N/OL］．中国能源报，2022-11-07［2024-08-13］.
［25］ 马学礼，王笑飞，孙希进，等．燃煤发电机组碳排放强度影响因素研究［J］．热力发电，2022，51（1）：190-195.
［26］ 胡主宽．计量助力煤电企业碳排放数据质量提升的思考［J］．工业计量，2023，33（5）：75-78，82.
［27］ 徐华清．以数据质量管理为重点，推进全国碳排放权交易市场建设和发展［J］．中国环境监察，2024，（Z1）：48-50.
［28］ 李张标．用能单位能源计量器具配备和管理审查实践［J］．中国计量，2011，（7）：23-26.
［29］ 夏磊．做好全国碳市场数据质量提升与管理：2023年版《发电核算指南》解读［J］．中国电力企业管理，2023，（1）：56-58.
［30］ 孙菁阳，孔祥玉，陈一，等．电力系统全环节碳排放核算方法综述［J/OL］．电力系统自动化，1-14.（2024-04-12）［2024-08-13］.
［31］ 张全斌，周琼芳．基于“双碳”目标的中国火力发电技术发展路径研究［J］．发电技术，2023，44（2）：143-154.
［32］ 李玲．稳妥有序推进煤电机组掺烧生物质（聚焦煤电低碳转型）［N］．中国能源报，2024-08-05（2）［2024-08-13］.
［33］ 李源，马仑，方庆艳．660MW燃煤机组掺烧生物质能耗及碳排放特性研究［J］．热能动力工程，2024，39（6）：123-130.
［34］ 吕晨，阮建辉，王科，等．碳市场发电行业配额分配方法分析及优化建议［J］．环境科学，2024，45（8）：4619-4626.
［35］ 郝友太．热值差产生的原因分析及对策［C］//中国电力技术市场协会．2023年电力行业技术监督工作交流会暨专业技术论坛论文集：上册．新疆华电高昌热电有限公司，2023：4.
［36］ 张彦军，谢志成，刘海龙，等．煤粉炉掺烧固体替代燃料的现状及展望［J］．再生资源与循环经济，2023，16（10）：39-42.
［37］ 韦宣，王志浩，周陈龙，等．电子皮带秤检定方法研究与展望［J］．工业计量，2023，33（6）：21-25.
［38］ 杨飞．火力发电厂煤炭验收及管控研究［J］．中国新技术新产品，2019，（5）：138-139.
［39］ 陈国强，殷音．碳排放数据造假，各方主体都承担什么法律责任?［J］．环境经济，2022，（5）：58-63.
［40］ 张哲．基于碳交易市场的企业碳信息披露问题研究：以国电电力为例［D］．大连：东北财经大学，2023.
［41］ 于洪鉴，李力夫，陈邑早．“双碳”背景下中小企业碳排放信息披露研究［J］．财政监督，2024，（13）：94-98.
［42］ 姚圣，彭艳．企业碳信息披露分层特征对比与强制性披露框架构建研究［J］．西南金融，2024，（9）：30-42.
［43］ 袁剑琴．全国碳市场建设的进展、问题及政策建议［J］．中国能源，2021，43（11）：63-66，80.